电力变压器故障冲击电磁热力耦合分析

张博 —— 著

化学工业出版社

·北京·

内容简介

电力变压器是智能电网与能源互联网运行的关键组成部分。近年来电力变压器的故障率逐年上升，已成为电力行业急需解决的难题。这一现象主要源于电力系统容量持续增长，导致变压器承受的故障冲击负荷增加，使得其强度逐渐无法满足需求。现今需要更加可靠的与设计方法配套的理论知识，保障未来电网传输设备的安全。

本书详细介绍了电力变压器承受故障冲击时的电磁特性、热特性和机械特性的机理和建模过程。（1）分析了电力变压器承受故障冲击过程中的电磁暂态问题，分别给出单相变压器和三相变压器故障冲击过程中电磁暂态过程的机理解释、数学模型及特性分析。然后，阐述了电力变压器承受故障冲击过程中电磁热耦合作用问题，包括电磁热耦合作用机理、温升的解析和数值计算模型及其求解方法。同时，分析了温度对材料力学特性的影响。（2）揭示了电力变压器承受故障冲击电磁-温度-结构场耦合作用机理，包括故障冲击和多次故障冲击工况下，绕组的弹塑性、屈曲形变机理及其数学模型和求解方法。（3）针对工程实践需要的强度校核、稳定性设计和层间状态问题，分别进行了论述。分享了采用前沿机器学习方法的故障状态辨识实践应用案例和工程设计实践案例，包括承载力设计的方法和准则、深度学习赋能绕组层间强度问题的模型设置等内容。

本书内容面向电气类相关专业计算机仿真、数字孪生技术、变压器设计与分析、多物理场耦合领域研究生和科研人员，以及变压器产品研发设计人员。

图书在版编目（CIP）数据

电力变压器故障冲击电磁热力耦合分析 / 张博著 .
北京：化学工业出版社，2024. 7. -- ISBN 978-7-122
-46144-5

Ⅰ. TB4

中国国家版本馆 CIP 数据核字第 2024TA3381 号

责任编辑：郝英华　宋湘玲　　　　　　　文字编辑：刘建平　李亚楠　温潇潇
责任校对：赵懿桐　　　　　　　　　　　装帧设计：关　飞

出版发行：化学工业出版社（北京市东城区青年湖南街 13 号　邮政编码 100011）
印　　装：北京天宇星印刷厂
787mm×1092mm　1/16　印张 12½　字数 264 千字　2024 年 8 月北京第 1 版第 1 次印刷

购书咨询：010-64518888　　　　　　　　售后服务：010-64518899
网　　址：http://www.cip.com.cn
凡购买本书，如有缺损质量问题，本社销售中心负责调换。

定　　价：78.00 元　　　　　　　　　　　　　　　版权所有　违者必究

前言

随着全球能源需求的不断增长，电力系统作为支撑现代社会运行的重要基础设施，其容量和稳定性面临着前所未有的挑战。在此背景下，电力变压器作为电力系统中不可或缺的关键组件，其承受故障冲击的风险随之增大。电力系统的负荷增加不仅要求电力系统扩容以满足更高的供电需求，同时使得变压器在更长的时间内运行在接近甚至超过额定容量的状态。现有的变压器在设计时并未充分考虑到未来电力系统的发展需求，在材料、技术的应用上存在局限性。在网运行变压器面临服役挑战，需要产品升级以适应新的运行环境。近期多项法规和标准呼吁变压器行业进行技术革新。可见，变压器的产品升级不仅是提升性能的需要，也是符合法规要求的必要举措。

提升电力变压器抗冲击能力的设计水平，对于确保电力系统的稳定运行至关重要。变压器在遭受故障冲击，如短路或过载时，会经历复杂的多物理场耦合作用过程，包括电磁场、热场、力学场等。在故障冲击下，电磁场的分布和强度发生变化，产生额外的电磁力。故障冲击还会加剧热量的产生。热量短时间内不能有效散发，导致变压器内部温度升高，劣化绝缘和支撑材料的性能。电磁力和其他机械力共同作用会导致变压器结构的应力集中，引起材料疲劳或断裂，最终造成产品损坏。这些物理场之间的相互作用直接影响变压器的结构完整性和功能性能。深入理解这些耦合作用的机理，是优化变压器设计、提高其抗冲击能力的关键。

笔者多年来从事电力变压器多物理场耦合作用机理研究，在国家自然科学基金项目、辽宁省自然科学基金重点项目等项目的资助下完成了若干项电力变压器绕组强度和稳定性相关研究工作，将理论研究成果与过程中的工程案例汇集，形成此书。一路走来，对所从事的研究工作和变压器行业产生浓厚感情，深知变压器研究工作的不易，受固有技术安全考量、多学科交叉性和实验条件限制的挑战，希望自己的一点工作，为推动本领域理论研究和变压器产品技术进步起到积极作用。感谢恩师李岩教授的引入和培养。本书内容的完成得到了李龙女、井永腾、王欢等同门和行业企业同仁研究工作的支持，在此致以诚挚的谢意。希望能够同本领域研究者一样在研究中扎根坚持，为提升变压器设计水平共同奋斗。本书鄙陋之处，期待各位同行慷慨赐教。

张　博

2024 年 03 月

目录

第1章

电力变压器故障冲击问题概述

1.1 背景和意义

近年来，随着电力系统的电压等级的增长和变压器单台容量的增大，短路引起的电磁力也在增大，变压器短路事故下对绕组短路机械强度的研究成为变压器设计的重要任务之一。据不完全统计，2002~2003 年，国家电网公司系统的 110kV 及以上电压等级变压器共发生损坏事故 60 台次，其中 110kV 41 台次，占 68.3%；220kV 17 台次，占 28.2%。事故容量为 4187.5MVA，其损坏部位统计情况如表 1.1 所示，由此可见变压器绕组损坏在变压器损坏事故中所占比例最高，其次是分接开关损坏事故。而在 2002~2003 年因绕组损坏的 48 台变压器中，由于绕组抗短路能力不够而损坏的变压器台次就有 21 台，据此可知，短路损坏已成为变压器事故的主要原因之一，但是变压器在短路时，由于绕组在变压器内部，其受力情况不可监测，并且运动形式也无法观测，所以短路时变压器的绕组受力运动情况对于研究者来说是个黑匣子，这也是近年来变压器抗短路能力研究的一个瓶颈。

表 1.1 2002~2003 年损坏事故变压器损坏部位分类

电压等级/kV	台次					
	绕组	主绝缘及引线	分接开关	套管	其他	总计
110	32	2	3	1	3	41
220	14	0	3	0	0	17
330	0	0	0	0	0	0
550	2	0	0	0	0	2

电压等级/kV	台次					
	绕组	主绝缘及引线	分接开关	套管	其他	总计
总计	48	2	6	1	3	60
损坏所占比例/%	80.0	3.3	10.0	1.7	5.0	100.0

2004年电网公司系统的110kV及以上电压等级的变压器共发生损坏事故53台次，其中因制造方面引起的事故为41台次，其损坏事故原因分类见表1.2，由于绕组抗短路能力不够，损坏的台次占总损坏台次的比例为51.2%，由此可见变压器绕组抗短路能力不够仍是变压器损坏的主要原因。

表1.3为2005年变压器损坏事故原因分类统计表，同样可以看出绕组抗短路能力不够是造成2005年变压器损坏事故的第一大原因，损坏事故数为8台次。在这8台次短路损坏的变压器中，有1台短路损坏的变压器是由长时间短路而造成的；有5台短路损坏的变压器是由近区或出口短路故障电流冲击造成的，其中2台损坏是由专用电缆被盗和错误切割带电电缆，人为导致主变压器低压侧相间短路造成的；还有2台变压器是由台风致使近区多次短路，其短路电流多次冲击变压器而造成的。

表1.2 2004年变压器损坏事故原因分类情况表

事故原因	损坏台次	各类损坏所占比例/%	事故容量/MVA
抗短路强度不够	21	51.2	1901.0
结构设计不合理	13	31.7	1043.0
分接开关质量不良	2	4.88	100.0
套管质量差	5	12.2	240.0
总计	41	100	3248.0

表1.3 2005年变压器损坏事故原因分类统计表

事故原因	损坏台次	各类损坏所占比例/%	事故容量/MVA
抗短路强度不够	8	53.3	726.0
制造工艺及材质控制不严	2	13.3	240.0
分接开关质量不良	5	33.3	735.2
总计	15	100	1701.2

由上述可知，变压器绕组抗短路强度不足引起的故障是一个比较突出的问题，电力变压器损坏会造成大面积电网停电。随着系统的发展、变压器容量的增大、线路和设备数量的增多，短路故障次数和短路电流亦增加，变压器承受短路冲击的环境更加严峻，在其他条件相同的情况下，其主变压器损坏概率也相应增加。

近年来，冰雪和台风等灾害性气候出现的频率呈现逐渐上升的趋势，而且严重程度也在加剧，而现行的电网设计标准和变压器设计标准未充分考虑该种气候的影响，随着电网规模的逐渐扩大，恶劣天气的影响也越来越大，近年来冰雪灾害造成某区域电网线路跳闸情况如表 1.4 所示。

表 1.4　冰雪灾害导致跳闸统计表

年份	线路		主变压器	
	220kV	500kV	220kV	500kV
2008	13 条 19 次	14 条 37 次	2 台 2 次	—
2005	10 条 12 次	11 条 32 次	—	1 台 1 次
2004	8 条 11 次	7 条 14 次	1 台 1 次	—

从上表可以看出，2008 年 220kV 电压等级的电网有 13 条线路跳闸 19 次，也就是这 13 条线路上的变压器要经过不同程度的重合闸冲击电流的影响，其中包括系统发生永久性故障后，断路器重合闸后对变压器绕组带来的影响。目前国家标准中将短路试验列为特殊试验，但此试验只考核短路电流的动稳定效应，考核变压器能否承受住短路电流的头几个峰值电流产生的机械力的作用，并没有要求考核短路电流的热效应，而只是列出 2s 内绕组的平均温升。

综上所述，变压器抗短路强度不够的事故主要诱发原因如下。

① 基于变压器静态理论设计而选用的导线，由于安全裕度较小使得计算的结果与实际运行时作用在电磁线上的应力差异较大，变压器经过一次短路冲击就损坏。

② 外部短路事故频繁，多次短路电流冲击后电动力的积累效应引起电磁线软化或内部相对位移，最终导致绝缘击穿。

③ 不同容量和不同等级的变压器由于成本的限制，使得一些制造商没有设备和工装来保证绕组绕紧、压紧、套牢，因此工艺结构强度在抗短路能力上不过关，成为变压器在日后短路事故的隐患。

④ 抗短路能力计算时没有考虑温度对电磁线的抗弯和抗拉强度的影响，使得按常温下设计的抗短路能力不能反映实际运行情况，因为电磁线的温度对其屈服极限 $\sigma_{0.2}$ 影响很大，随电磁线温度的提高，其抗弯、抗拉强度及延伸率均下降，在 250℃下抗弯、抗拉强度要比在 50℃时下降 10％以上，延伸率则下降 40％以上。实际运行的变压器，在额定负荷下，绕组平均温度可达 105℃，最热点温度可达 118℃，因此，即使变压器在出厂前能够经受住长期短路试验的考核，在实际运行中仍有可能因为温度对电磁线抗弯、抗拉强度的影响而发生绕组损坏的事故。

⑤ 一般变压器均有重合闸过程，在短路点故障没有及时排除时，将会在非常短的时间内紧接着承受第二次短路冲击。由于第一次短路电流冲击后绕组温度急剧增高，根据 GB 1094.5 的规定，最高允许 250℃，这时绕组的抗短路能力已大幅度下降，其二次短路电流受变压器铁芯剩磁、相角等因素的影响，其幅值也将大于初次短路电流，是导致变压器在重合闸后发生短路事故的重要原因。当变压器绕组热点温度低于 98℃时，温度每降低 6K，老化系数降低一半，变压器的寿命将增加一倍，绕组

的热点温度如高于 98℃，则温度每增加 6K，老化系数增加一倍，也就是说长期运行的变压器由于绝缘老化，使得原本能够经受短路冲击的绕组，经过短路力的冲击，将绝缘破坏，造成匝间短路，从而导致变压器短路事故。

在大容量变压器发生故障冲击情况下，绕组由于巨大的短路力冲击而可能产生累积变形，绕组累积变形效应会使得按标准进行短路试验合格的产品，由于遭受故障冲击而损坏，一般会使绕组匝间绝缘及结构件受损，影响电力变压器的绝缘等级，严重情况下会使绕组松散、扭转、累积变形、导线拉断，甚至整个绕组倒塌，或由于绝缘损坏引起匝间短路使绕组烧毁。

目前国内外很多变压器制造厂在设计和生产大容量变压器产品时仍沿用传统的工艺流程，对绕组的力学特性没有充分认识。为提高电力变压器绕组的短路强度和稳定性，需要将最新的有限元仿真技术、磁场数值计算方法和弹塑性结构的强度理论运用到该类问题的计算分析中，在短路过程中变压器绕组所承受的动态短路力、绕组的稳定性和冲击累积变形等问题，是一个电、磁、热及力变化的复杂过程。

1.2　研究进展

1.2.1　变压器故障过程电磁暂态

为了精确计算电力变压器的电磁力分布，深入分析变压器漏磁场的分布特征是至关重要的。随着电磁场数值计算技术的快速发展，特别是在准静态场、正弦稳态场、瞬态电磁场和耦合场等领域的应用，有限元方法因其显著的优势已成为主导的计算手段。

自 20 世纪 70 年代以来，众多国内外学者对电力变压器的漏磁场进行了广泛的试验和分析工作。日本学者，如 I. Muta、T. Furukawa、H. Koga，以及中国哈尔滨理工大学的汤蕴璆教授、沈阳工业大学的唐任远院士等，对变压器瞬态电磁场（特别是在考虑磁屏蔽的情况下）、绕组安匝高度不平衡、短路瞬态过程等方面进行了深入研究，为大型电力变压器的漏磁场计算提供了坚实的理论基础。

进入 21 世纪，沈阳工业大学的田立坚、岳军等学者进一步应用有限元方法对大型电力变压器在突发短路时的瞬态电磁场进行了计算，并推导出轴对称非线性瞬态涡流场的有限元计算公式。梁振光等人则研究了电力变压器三维瞬态涡流场的场路耦合问题，考虑了三相变压器绕组的不同连接方式及不对称负载，建立了变压器在运行及事故工况下的三维瞬态涡流场场路耦合模型，并对变压器的短路电流变化和磁场分布规律进行了研究。

浙江大学的胡冠中提出了一种基于故障变压器内部磁场分析的数值模拟方法，通过建立有限元分析模型，模拟短路试验条件下变压器的电磁场数值计算。2007 年，宋书才、王建民、张喜乐等人针对特高压换流变压器的特点，应用有限元方法计算了换流变压器的电场和磁场分布，并分析了绕组非正弦瞬态漏磁场的分布规律。湖南大学的许加柱、罗隆福、李勇等人对新型换流变压器绕组电磁力进行了分析和计算，采用非线性求解，精确分析了变压器在稳态和短路条件下的三维漏磁场分布。

在国际上，S. V. Kulkarni、G. B. Kumbhar 等人研究了分裂式绕组变压器的短路过程磁场和电磁力分布特点，并建立了非线性场路耦合模型。M. Reza Feyzi、M. Sabahi 则考虑了铁芯非线性、几何边界的复杂性、大导体横截面的电流不均匀性，建立了变压器二维有限元模型，用于计算电力变压器绕组各部位的短路电磁力。

国内外学者在三维瞬态场的分析方面已经取得了丰硕的成果。随着大型商业有限元分析软件的普及，许多工程技术人员已经掌握了准确计算变压器漏磁场分布的方法。然而，特高压变压器绕组的特殊分布特性导致了其漏磁场分布与传统电力变压器的有所不同，这一领域的研究在国内已经开始受到学者和专家的关注。未来的研究将重点分析特高压变压器的漏磁场分布特点，以期为变压器的设计、制造和运行提供更为精确的理论支持和实践指导。

1.2.2 变压器故障过程多物理场耦合

大型电力变压器绕组的短路强度问题是一个涉及电磁和机械动态变化的复杂课题。随着技术的进步，研究者们已经取得了显著的成果，但仍有许多问题需要进一步探索和解决。

在早期，由于计算机技术和实验条件的限制，变压器绕组短路强度的研究主要集中在静态方面，即仅考虑短路电流达到峰值时的冲击。然而，随着对短路过程动态特性认识的深入，自 20 世纪 90 年代起，研究者开始关注变压器的动态响应。

日本学者 N. Uchiyama 和 S. Satio 通过分析计算电力变压器短路时的轴向振动情况，考虑绝缘材料的应力-应变滞后特性，为变压器绕组的轴向振动计算提供了新的视角。王春成、梁振光等中国学者则通过应用有限元法进行动态和静态强度计算，研究了变压器绕组的电磁力及强度问题，并提出了提高绕组抗短路能力的方法。

瑞士的 M. Steurer 和 K. Frohlich 以及韩国的 Y. H. Oh、K. D. Song 等国际学者也通过建立简化模型和进行实验测量，分析了变压器在短路电流作用下的电磁力和应力分布。英国的孟志强和上海交通大学的邵宇鹰、饶柱石等人则通过有限元分析和振动实验，研究了变压器绕组的轴向振动特性。

沈阳工业大学的李岩教授等人通过有限元方法计算变压器短路情况下的二维瞬态轴对称场，考虑了多种因素对线饼动态力的影响，并校核了绕组的辐向失稳和轴向机械稳定性。郭建、林鹤云、徐子宏等学者则通过有限元方法计算绕组各线饼短路情况下的电动力，分析了绕组的轴向稳定性。

随着电力变压器容量和电压等级的提高，特大型变压器短路强度的校核问题变得更加重要。沈煜、黄友生、汪涛等人对国内首台 1000kV 特高压变压器进行了绕组变形测量技术研究，提高了变压器绕组变形诊断的可靠性和准确性。辛朝辉、钟俊涛、傅铁军等人结合变压器产品短路试验，对变压器内绕组径向强度进行了分析。

尽管有限元仿真软件在变压器三维模型的建立和分析中得到了广泛应用，但变压器短路试验的破坏性特点限制了实验数据的获取。因此，沈阳变压器研究所的孟庆民、陈玉红等人建立了等效的短路模型，通过模型模拟短路对比实验，为确定大型电力变压器绕组的计算方法的修正提供了实验数据。

关于热问题的影响，目前的研究相对较少。朱英浩、P. Verma、D. S. Chauhan、P. Singh 和汪德军等学者分别从不同角度研究了热应力、电应力和机械应力对变压器寿命的影响，为变压器的热管理和可靠性评估提供了理论基础。

变压器绕组短路强度问题的研究已经取得了一定的进展，但仍需在动态特性、热影响以及大型变压器的特殊性等方面进行更深入的研究。未来的工作可能会集中在提高计算效率、改进模型准确性以及结合实验数据进行模型验证等方面。

1.2.3 变压器绕组强度工程问题

变压器绕组在多次短路力冲击下可能发生轴向和辐向失稳及切向的扭动，导致绝缘垫块错位、脱落，撑条倾倒，严重时甚至导线弯曲、拉长，绝缘层扯破。多次短路冲击的结果可能改变不同电位间导线的绝缘距离，引发电压击穿，造成线匝、饼层间或绕组间的电气短路。短路冲击造成的结构损坏通常经历外部电气短路、内部机械变形、内部绝缘击穿三个阶段，而这一过程通常需要 100ms 以上。短路电流引起的电磁力导致绕组变形，这是一个受力到加速度到速度再到位移的过程，后两个演变都是时间的积分。国标和 IEC 规定的短路试验时间虽短，但绕组变形的累积效应可能会造成严重故障。多次短路冲击变形的部位多见于工艺缺陷单元、换位导线的换位处和单螺旋绕组的标准换位处。换位导线的换位处由于其坡度较陡，产生大小相等、方向相反的切向力，导致内外绕组换位处变形，且换位导线厚度越厚，变形越严重。对于已有变形的变压器，再次遭受过电压或过电流，甚至在正常运行的铁磁振动作用下，可能导致绝缘击穿事故。

自 2000 年以来，学者们对变压器绕组短路强度的研究逐渐增多，从静态电磁力研究进入瞬态研究阶段。国内外学者通常先从实验分析入手，逐步对理论计算进行修正。现有的轴向振动模型主要包括 K. Kurita 等人的整体模型、M. R. Patel 的多绕组模型、A. B. Madin 等人的绝缘垫块应力-应变关系模型，以及考虑铁窗影响的非线性振动模型。辐向稳定性分析方法包括梁的横向振动研究、扁拱理论、小位移理论和有限元方法。这些研究与分析均在假设系统瞬时故障能及时排除的情况下进行，但实际中，由于断路器的重合闸作用时间非常短，故障未能及时排除时，变压器可能在短时间内再次遭受短路电流冲击。这种情况下，热量不能有效散出，需要考虑温度及热应力的影响，且第一次短路冲击下的振动可能还未停止，第二次冲击可能加剧绕组的振动，增加损坏风险。因此，研究重合闸等多次短路工况下变压器绕组的抗短路能力和动态稳定性是必要的，也是研究的重点。然而，目前对于变压器重合闸后绕组强度的校核，以及温度及热应力对变压器绕组短路强度及导线绝缘影响的研究还相对较少。

1.3 本书的结构安排

本书从电力变压器承受故障冲击过程中的电磁暂态问题入手，给出机理解释和相应的建模方法及特性分析。并将该方面内容从单相变压器拓展到三相变压器。

在电磁理论基础上，展示电力变压器承受故障冲击过程中电磁热耦合的理论研究成果，包括温升的工程经验计算方法和高精度有限元计算方法，并提供了场计算所需的基本假设和计算流程，进一步阐述了温度对材料力学特性的影响。

其后，结合前述内容，本书进行电磁-温度-结构场耦合部分论述，包括故障冲击时绕组的弹塑性形变机理及其模型表征，提供了相应求解方法。

针对工程实践中常见的稳定性校核和多次冲击累积形变问题，本书分别进行论述。从机理的角度阐述了失稳和变形的演化过程。同时，提供了数学模型及其求解方法。

结合理论研究成果，本书中分享了采用前沿机器学习方法的故障状态辨识实践应用案例和工程设计实践案例，包括承载力设计的方法和准则、深度学习赋能绕组层间强度问题的模型设置等内容。

第2章

电力变压器故障冲击电磁特性

2.1 概述

在电力工程的研究中，变压器在故障冲击条件下的电磁性能是一个至关重要的课题，它在变压器设计领域中已经得到了广泛的关注和早期研究。变压器在面对不同类型的故障冲击时，会展现出多样的电磁特性。故障冲击情形通常包括单相故障、双相故障以及三相故障，而根据故障冲击的性质，它们可以被分类为多次间隔的长时间故障冲击、重合闸引发的多次故障冲击、持续的长时间故障冲击以及单次故障冲击。

在一系列合理的假设下，我们能够推导出用于描述变压器在故障冲击下电磁特性的平衡方程式，并通过这些方程式得到故障冲击电流和磁通的解析解。虽然这种解析方法无法直接计算漏磁通密度或解决电磁力的空间分布问题，但它在定性理解变压器在故障冲击下电磁参数相互作用方面提供了重要帮助。此外，这种研究对于指导后续探索多次故障冲击对变压器故障冲击电流影响的研究，以及计算故障冲击条件下电磁力的空间分布具有重要意义。

2.2 单相变压器故障冲击

2.2.1 数学模型

系统侧为正弦电压源 U_1，电阻为 R_1，电感为 L_1，流过电流为 I_1，漏磁通为 Φ_1，励磁支路流过励磁电流为 I_m，感应磁通为 Φ_m，短路侧电阻为 R_2，电感为 L_2，流过

电流为 I_2，漏磁通为 Φ_2，建立故障冲击状态变压器等效电路如图 2.1 所示。

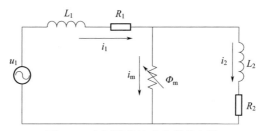

图 2.1　变压器故障冲击等效电路

首先对变压器暂态磁通进行定性分析，根据基尔霍夫定律，一次侧电压平衡方程可表示为：

$$U_1 = i_1 R_1 + N_1 \frac{\mathrm{d}\Phi}{\mathrm{d}t} \tag{2.1}$$

式中，N_1 为一次侧绕组的匝数；$\Phi = \Phi_1 + \Phi_m$ 为与绕组交链的总磁通。式（2.1）可改写形式为：

$$U_m \cos(\omega t + \alpha) = i_1 R_1 + N_1 \frac{\mathrm{d}\Phi}{\mathrm{d}t} \tag{2.2}$$

式中，α 为短路时刻的初相角；一次侧电流 i_1 可用磁通 Φ 表述。因 $i_1 = N_1 \dfrac{\Phi}{L_1}$，其中，$L_1$ 为一次侧绕组的漏感，则式（2.2）可改写为：

$$U_m \cos(\omega t + \alpha) = N_1 \frac{R_1}{L_1} \Phi + N_1 \frac{\mathrm{d}\Phi}{\mathrm{d}t} \tag{2.3}$$

若假设一次侧绕组漏感 L_1 为常数，式（2.3）可视为常线性微分方程，则求得磁通的解析解为：

$$\Phi = \frac{U_m}{\sqrt{(\omega N_1)^2 + \left(N_1 \dfrac{R_1}{L_1}\right)^2}} \cos(\omega t + \alpha - \beta) + A e^{-\frac{R_1}{L_1} t} = \Phi_s + \Phi_p \tag{2.4}$$

式中，β 为一次侧绕组阻抗角；A 为 Φ_p 的幅值。

式（2.4）中磁通可分解成稳态磁通 Φ_s 和暂态磁通 Φ_p 两个分量，稳态磁通幅值 $\Phi_m = U_m \bigg/ \sqrt{(\omega N_1)^2 + \left(N_1 \dfrac{R_1}{L_1}\right)^2}$ 为常数，则式（2.4）可改写形式为：

$$\Phi = \Phi_m \cos(\omega t + \alpha - \beta) + A e^{-\frac{R_1}{L_1} t} \tag{2.5}$$

暂态磁通幅值可由故障冲击时刻（$t = 0$）的初始条件确定，故障冲击时刻前后暂态磁通值为剩磁 Φ_r，将 $t = 0$ 和 $\Phi = \Phi_r$ 代入式（2.5）得：

$$\begin{cases} \Phi_r = \Phi_m \cos(\alpha - \beta) + A \\ A = \Phi_r - \Phi_m \cos(\alpha - \beta) \end{cases} \tag{2.6}$$

因感抗远大于电阻，即短路回路近似为纯感性回路，可假设阻抗角 $\beta = 90°$，则式（2.6）可改写为 $A = \Phi_r - \Phi_m \sin\alpha$，代入式（2.5），可得磁通表达式：

$$\Phi = \Phi_m \sin(\omega t + \alpha) + (\Phi_r - \Phi_m \sin\alpha) e^{-\frac{R_1}{L_1}t} \qquad (2.7)$$

式（2.7）即为短路相角 α 时刻变压器磁通的解析解，其中稳态磁通分量幅值 Φ_m 与电压 U_1 对应，暂态磁通分量中 $\Phi_r e^{-\frac{R_1}{L_1}t}$ 为剩磁衰减项，与衰减项 $(-\Phi_m \sin\alpha) e^{-\frac{R_1}{L_1}t}$ 同为故障冲击瞬间维持磁链守恒的偏磁 Φ_p，Φ_p 在故障冲击初始时与 Φ_s 相等，但极性相反。

当故障冲击发生时，若故障冲击相角 $\alpha = 90°$ 或 $\alpha = 270°$，偏磁 Φ_p 为：

$$\Phi_p = \Phi_r - \Phi_m \qquad (2.8)$$

当故障冲击发生时，若故障冲击相角 $\alpha = 0°$ 或 $\alpha = 180°$，偏磁 Φ_p 为：

$$\Phi_p = \Phi_r \qquad (2.9)$$

可见，不同的故障冲击相角产生偏磁不同，当故障冲击相角越靠近 $\alpha = 0°$ 或 $\alpha = 180°$ 时，偏磁中剩磁占比越大，当故障冲击相角越靠近 $\alpha = 90°$ 或 $\alpha = 270°$ 时，偏磁中剩磁占比越小。

剩磁 Φ_r 的极性由磁滞回线工作点部位决定，稳态磁通 Φ_s 和偏磁分量 Φ_p 叠加后有可能使得总磁通超过饱和磁通 Φ_{sat}，导致磁路饱和产生很大的故障冲击电流。

采用前述单相变压器仿真模型，考察剩磁及故障冲击相角对励磁电流、磁通和故障冲击电流的影响，根据基尔霍夫定律列出方程：

$$\begin{cases} \dfrac{d\psi_1}{dt} + R_1 i_1 + \dfrac{d\psi_\mu}{dt} = u \\ i_1 = i_\mu + i_2 \\ \dfrac{d\psi_\mu}{dt} = \dfrac{d\psi_2}{dt} + R_2 i_2 \end{cases} \qquad (2.10)$$

对于线性支路，$i_1 = \dfrac{\psi_1}{L_1}$，$i_2 = \dfrac{\psi_2}{L_2}$；对于励磁支路，电流与磁链之间为非线性关系 $i_\mu = f(\psi_\mu)$。在式（2.10）中代入上述关系并且消去 i_2，得到如下方程：

$$\begin{cases} \dfrac{d\psi_1}{dt} + R_1 \dfrac{\psi_1}{L_1} + \dfrac{d\psi_\mu}{dt} = u \\ \dfrac{d\psi_\mu}{dt} = \dfrac{L_2}{L_1} \dfrac{d\psi_1}{dt} - L_2 \dfrac{df(\psi_\mu)}{dt} + R_2 \dfrac{\psi_1}{L_1} - R_2 df(\psi_\mu) \end{cases} \qquad (2.11)$$

式（2.11）中 i_μ 是 ψ_μ 的函数，随着 ψ_μ 取值的不同而有不同的数值。

考虑到变压器铁芯的非线性表示和求解微分方程组的方便性，这里将变压器铁芯非线性简化为分段线性的单值折线段，如图 2.2 所示。其中，设饱和点为 $(i_{\mu0}, \psi_s)$ 和 $(-i_{\mu0}, -\psi_s)$，在饱和区内电感值取 L_μ，在饱和区以外电感值取 L_s。

$f(\psi_\mu)$ 的表达式如下：

$$f(\psi_\mu) = \begin{cases} \psi_s/L_\mu, & |\psi_\mu| \leqslant \psi_s \\ (\psi_\mu - \psi_s)/L_s + i_{\mu0}, & \psi_\mu > \psi_s \\ (\psi_\mu + \psi_s)/L_s - i_{\mu0}, & \psi_\mu < -\psi_s \end{cases} \qquad (2.12)$$

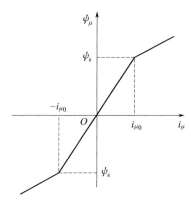

图 2.2　分段线性磁化特性曲线

将式(2.12)代入式(2.11)，并化为矩阵的形式，得到如下方程：

$$\dot{\boldsymbol{\psi}} = \boldsymbol{B}^{-1}\boldsymbol{A}\boldsymbol{\psi} + \boldsymbol{B}^{-1}\boldsymbol{U} \tag{2.13}$$

式中，$\boldsymbol{\psi} = \begin{pmatrix} \psi_1 \\ \psi_2 \end{pmatrix}$；$\dot{\boldsymbol{\psi}} = \begin{pmatrix} \dfrac{\mathrm{d}\psi_1}{\mathrm{d}t} \\ \dfrac{\mathrm{d}\psi_\mu}{\mathrm{d}t} \end{pmatrix}$。

当 $|\psi_\mu| \leqslant \psi_\mathrm{s}$ 时，

$$\boldsymbol{A} = \begin{pmatrix} -\left[R_2/L_1 + (1+L_2/L_\mu)R_1/L_1\right] & R_2/L_\mu \\ R_2/L_1 - (1+L_2R_1/L_1^2) & -R_2/L_\mu \end{pmatrix} \tag{2.14}$$

$$\boldsymbol{B} = \begin{pmatrix} 1+L_2/L_1+L_2/L_\mu & 0 \\ 0 & 1+L_2/L_1+L_2/L_\mu \end{pmatrix} \tag{2.15}$$

$$\boldsymbol{U} = \begin{pmatrix} (1+L_2/L_\mu)u \\ (L_2/L_1)u \end{pmatrix} \tag{2.16}$$

当 $\psi_\mu > \psi_\mathrm{s}$ 时，

$$\boldsymbol{A} = \begin{pmatrix} -\left[R_2/L_1 + (1+L_2/L_\mathrm{s})R_1/L_1\right] & R_2/L_\mathrm{s} \\ R_2/L_1 - (1+L_2R_1/L_1^2) & -R_2/L_\mathrm{s} \end{pmatrix} \tag{2.17}$$

$$\boldsymbol{B} = \begin{pmatrix} 1+L_2/L_1+L_2/L_\mathrm{s} & 0 \\ 0 & 1+L_2/L_1+L_2/L_\mathrm{s} \end{pmatrix} \tag{2.18}$$

$$\boldsymbol{U} = \begin{pmatrix} (1+L_2/L_\mu)u - (R_2/L_\mathrm{s})\psi_\mathrm{s} + R_2 i_{\mu 0} \\ (L_2/L_1)u + (R_2/L_\mathrm{s})\psi_\mathrm{s} - R_2 i_{\mu 0} \end{pmatrix} \tag{2.19}$$

当 $\psi_\mu < -\psi_\mathrm{s}$ 时，

$$\boldsymbol{A} = \begin{pmatrix} -\left[R_2/L_1 + (1+L_2/L_\mathrm{s})R_1/L_1\right] & R_2/L_\mathrm{s} \\ R_2/L_1 - (1+L_2R_1/L_1^2) & -R_2/L_\mathrm{s} \end{pmatrix} \tag{2.20}$$

$$\boldsymbol{B} = \begin{pmatrix} 1+L_2/L_1+L_2/L_\mathrm{s} & 0 \\ 0 & 1+L_2/L_1+L_2/L_\mathrm{s} \end{pmatrix} \tag{2.21}$$

$$U = \begin{pmatrix} (1+L_2/L_\mu)u + (R_2/L_s)\psi_s - R_2 i_{\mu 0} \\ (L_2/L_1)u - (R_2/L_s)\psi_s + R_2 i_{\mu 0} \end{pmatrix} \qquad (2.22)$$

式中，输入电压源定义为：

$$u = U_m \sin(\omega t + \theta) \qquad (2.23)$$

选取适当的参数，用4阶龙格-库塔法对上述非线性微分方程组进行求解，就能得到单相变压器故障冲击电流仿真波形。

2.2.2　电磁特性

对剩磁 $\Phi_r = 0.8\text{pu}$、故障冲击相角 $\alpha = 90°$、电源 $U_1 = 110\text{kV}$、变比 $k = 110/35$、$L_1 = L_2 = 0.002\text{H}$、$R_1 = R_2 = 0.08\Omega$ 的变压器励磁电流、磁通和故障冲击电流进行仿真，波形如图2.3、图2.4所示。

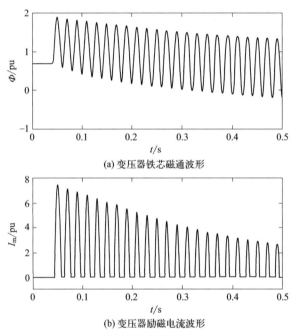

(a) 变压器铁芯磁通波形

(b) 变压器励磁电流波形

图2.3　变压器铁芯磁通及励磁电流波形

在变压器遭受故障冲击的瞬间，其铁芯中的磁通受到故障冲击相角及剩磁效应的显著影响，从而形成了一个包含稳态磁通分量和较高暂态磁通分量的复合磁通，如图2.3(a)所描绘。在这一过程中，由于磁通的工作点位于磁化曲线的饱和点之上，变压器的铁芯电抗相应降低。在故障冲击电流 I_1 的表达式中，I_1 等于 I_2 与励磁电流 I_m 的和，其中励磁电流 I_m 的分流效应显著增强。

随着时间的推移，稳态磁通分量与暂态磁通分量在半周期内呈现相反方向，这种相互作用将磁通的工作点重新拉回到饱和点以下。这一变化导致励磁电流的幅值随之减小。在电流波形图上，可以观察到励磁电流出现了半波间断现象，如图2.3(b)所示。这一现象揭示了在故障冲击发生期间，变压器内部电磁动态的复杂性，以及励磁电流在故障冲击下的响应特性。

虽然一次侧故障冲击电流是由励磁电流与二次侧故障冲击电流叠加而成，但由于二次侧故障冲击电流幅值较高，一次侧故障冲击电流将不存在明显间断，如图 2.4 所示。

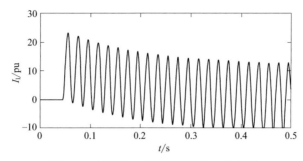

图 2.4　变压器一次侧故障冲击电流波形

变压器绕组稳定性的研究，核心在于评估绕组在极端条件下的承载能力，尤其是在面对故障冲击工况时的电磁力承受性。在这种特定情况下，变压器绕组所受到的故障冲击电磁力与瞬时故障冲击电流第一个峰值的平方成正比关系。这一关系表明，对瞬时故障冲击电流第一个峰值的精确计算对于确保变压器绕组的稳定性至关重要。

故障冲击电流的第一个峰值，通常称为故障冲击电流，是变压器在故障冲击发生后极短时间内流过的最大电流值。这个值对于评估变压器绕组的机械强度、热稳定性以及绝缘系统的耐受性具有决定性的影响。因此，准确预测和计算故障冲击电流的第一个峰值，不仅对于变压器的设计和制造过程至关重要，也是运行和维护阶段确保变压器安全运行的关键因素。

在进行变压器绕组稳定性研究时，必须综合考虑多种因素，包括但不限于变压器的设计参数、材料特性、运行条件以及外部环境等。通过建立精确的数学模型和采用先进的计算方法，可以对故障冲击电流进行有效预测，从而为变压器的稳定性分析提供坚实的理论基础。此外，通过对故障冲击电流峰值的深入分析，可以进一步优化变压器的设计，提高其在极端条件下的性能和可靠性，确保电力系统的稳定运行。

对剩磁 $\Phi_r = \pm 0 \sim 0.8$pu、短路相角 $\alpha = \pm 0 \sim 180°$ 的变压器故障冲击电流进行计算，利用式（2.1）的关系可以得到故障冲击电流第一个峰值的解析解，见表 2.1，故障冲击电流第一个峰值和剩磁、故障冲击相角的关系如图 2.5、图 2.6 所示。

表 2.1　基于等效电路模型的故障冲击电流第一个峰值

Φ_r	I/pu							
	$\alpha = 0$	$\alpha = 45°$	$\alpha = 90°$	$\alpha = 135°$	$\alpha = 180°$	$\alpha = -135°$	$\alpha = -90°$	$\alpha = -45°$
-0.8	24.4453	22.1571	14.2529	20.2293	24.0168	22.0211	14.2451	20.2608
-0.6	24.4453	22.1571	14.2502	20.2476	24.3545	22.1045	14.2495	20.2608

Φ_r	I/pu							
	$\alpha=0$	$\alpha=45°$	$\alpha=90°$	$\alpha=135°$	$\alpha=180°$	$\alpha=-135°$	$\alpha=-90°$	$\alpha=-45°$
−0.4	24.4453	22.1571	14.2502	20.2597	24.4081	22.1346	14.2501	20.2608
−0.2	24.4434	22.1571	14.2502	20.2608	24.4292	22.1516	14.2502	20.2608
0	24.4279	22.1502	14.2502	20.2608	24.4445	22.1571	14.2502	20.2608
0.2	24.4050	22.133	14.2501	20.2608	24.4453	22.1571	14.2502	20.259
0.4	24.3477	22.1006	14.2494	20.2608	24.4453	22.1571	14.2502	20.2465
0.6	23.9630	22.007	14.2442	20.2608	24.4453	22.1571	14.2535	20.2274
0.8	23.3354	21.5427	14.2268	20.2608	24.4453	22.1571	14.2617	20.1804

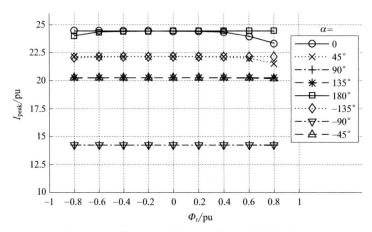

图 2.5 故障冲击电流第一个峰值与剩磁的关系

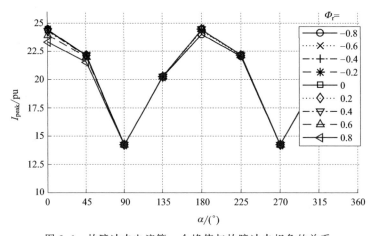

图 2.6 故障冲击电流第一个峰值与故障冲击相角的关系

由表 2.1 和图 2.5、图 2.6 可以看出，剩磁和故障冲击相角对故障冲击电流第一个峰值均有影响，故障冲击相角对故障冲击电流第一个峰值影响很大，故障冲击相角

$\alpha=0$ 或 $\alpha=180°$ 时，故障冲击电流第一个峰值最大，故障冲击相角 $\alpha=90°$ 或 $\alpha=270°$ 时，故障冲击电流第一个峰值最小，剩磁对故障冲击电流第一个峰值影响较小，故障冲击相角相同的条件下，故障冲击电流第一个峰值由剩磁的极性和幅值共同决定。

2.3 三相变压器故障冲击

在第 2.2 节中，构建了单相变压器在故障冲击工况下的等效电路模型，并对单相变压器的故障冲击电磁特性进行了深入研究。该研究考虑了故障冲击相角和剩磁对变压器性能的影响。然而，该模型的局限性在于未能充分考虑三相变压器由于不同接线方式所带来的影响。特别是在三相变压器中，各相之间的相角差异为 $120°$，这一特点可能对故障冲击电流的特性产生显著影响。

鉴于单相变压器的研究结论可能无法直接应用于三相变压器，特别是在故障冲击相角与故障冲击电流关系方面，因此，本节将致力于建立三相变压器在故障冲击工况下的等效电路模型，并针对不同接线方式的三相变压器进行故障冲击电磁特性的对比研究。这一研究将有助于揭示不同接线方式对三相变压器故障冲击性能的具体影响，为变压器的设计、分析和优化提供更为全面的理论支持。

2.3.1 数学模型

三相变压器有多种接线方式，最常见的有 Yd11、Ynd11、Yny0、Yy0。
Yd11 接线方式的三相变压器等效电路如图 2.7 所示。

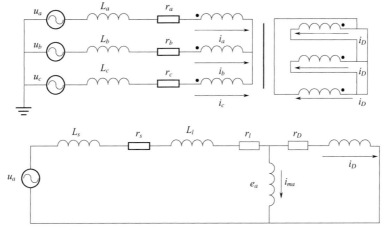

图 2.7　Yd11 接线方式的变压器接线图及单相等效电路

故障冲击工况下 Yd11 接线方式三相变压器的电压平衡方程为：

$$\begin{cases} u_a = (r_l + r_s)i_a + (L_s + L_l)\dfrac{\mathrm{d}i_a}{\mathrm{d}t} + u_N + e_a \\[2mm] u_b = (r_l + r_s)i_b + (L_s + L_l)\dfrac{\mathrm{d}i_b}{\mathrm{d}t} + u_N + e_b \\[2mm] u_c = (r_l + r_s)i_c + (L_s + L_l)\dfrac{\mathrm{d}i_c}{\mathrm{d}t} + u_N + e_c \end{cases} \tag{2.24}$$

式中，u_N 为一次侧星接中性点电压。

将方程组式(2.24)中各式相加得到：

$$\begin{aligned} u_a + u_b + u_c &= (r_l + r_s)(i_a + i_b + i_c) + (L_s + L_l)\left(\frac{\mathrm{d}i_a}{\mathrm{d}t} + \frac{\mathrm{d}i_b}{\mathrm{d}t} + \frac{\mathrm{d}i_c}{\mathrm{d}t}\right) \\ &\quad + (e_a + e_b + e_c) + 3u_N \end{aligned} \tag{2.25}$$

一次侧为星接，二次侧为角接，则有如下关系：

$$i_a + i_b + i_c = 0 \tag{2.26}$$

$$e_a + e_b + e_c = 3\left(L_D \frac{\mathrm{d}i_D}{\mathrm{d}t} + r_D i_D\right) \tag{2.27}$$

$$u_a + u_b + u_c = 0 \tag{2.28}$$

代入式(2.25)进行简化得到：

$$u_N = -\left(L_D \frac{\mathrm{d}i_D}{\mathrm{d}t} + r_D i_D\right) \tag{2.29}$$

从单相等效电路得到平衡方程为：

$$\begin{cases} i_a = i_{ma} + i_D \\ i_b = i_{mb} + i_D \\ i_c = i_{mc} + i_D \end{cases} \tag{2.30}$$

将式(2.26)和式(2.30)联立可得：

$$i_D = -\frac{1}{3}(i_{ma} + i_{mb} + i_{mc}) \tag{2.31}$$

又

$$e_j = \frac{\mathrm{d}\psi}{\mathrm{d}t} = s\frac{\mathrm{d}B_j}{\mathrm{d}t} = s\frac{\mathrm{d}B_j}{\mathrm{d}H}\frac{\mathrm{d}H}{\mathrm{d}t} \tag{2.32}$$

有全电流定律如式(2.33)所示：

$$H = \frac{Ni}{l} \tag{2.33}$$

将式(2.33)代入式(2.32)可得：

$$e_j = s\frac{N_j^2 s\,\mathrm{d}B_j}{l_j\,\mathrm{d}H}\frac{\mathrm{d}i_{mj}}{\mathrm{d}t} = K_j\frac{\mathrm{d}i_{mj}}{\mathrm{d}t} \tag{2.34}$$

式中，$K_j = s\dfrac{N_j^2 s\,\mathrm{d}B_j}{l_j\,\mathrm{d}H}$，$j = a$，$b$，$c$；$s$、$l_j$、$N_j$ 分别为变压器铁芯的截面积、各相磁路长度、各相匝数。

将式（2.28）、式（2.29）、式（2.30）、式（2.31）、式（2.32）、式（2.33）、式（2.34）代入式（2.24），为了简化计算，假定一、二次侧漏阻抗近似相等，即 $r_l = r_D$，$l_l = l_D$，且忽略系统阻抗，令 $r_s = 0$，$L_s = 0$，可得：

$$\begin{cases} u_a = r_l i_{ma} + (L_l + K_a)\dfrac{\mathrm{d}i_{ma}}{\mathrm{d}t} \\[2mm] u_b = r_l i_{mb} + (L_l + K_b)\dfrac{\mathrm{d}i_{mb}}{\mathrm{d}t} \\[2mm] u_c = r_l i_{mc} + (L_l + K_c)\dfrac{\mathrm{d}i_{mc}}{\mathrm{d}t} \end{cases} \tag{2.35}$$

写成矩阵形式为：

$$\begin{pmatrix} u_a \\ u_b \\ u_c \end{pmatrix} = \begin{pmatrix} r_l & 0 & 0 \\ 0 & r_l & 0 \\ 0 & 0 & r_l \end{pmatrix}\begin{pmatrix} i_{ma} \\ i_{mb} \\ i_{mc} \end{pmatrix} + \begin{pmatrix} L_l + K_a & 0 & 0 \\ 0 & L_l + K_b & 0 \\ 0 & 0 & L_l + K_c \end{pmatrix}\begin{pmatrix} \mathrm{d}i_{ma}/\mathrm{d}t \\ \mathrm{d}i_{mb}/\mathrm{d}t \\ \mathrm{d}i_{mc}/\mathrm{d}t \end{pmatrix} \tag{2.36}$$

Ynd11 接线方式的三相变压器电路如图 2.8 所示。

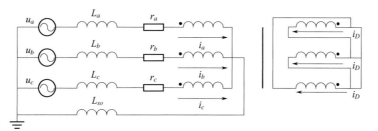

图 2.8　Ynd11 接线方式的三相变压器接线图

故障冲击工况下 Ynd11 接线方式三相变压器的电压平衡方程为：

$$\begin{cases} u_a = (r_l + r_s)i_a + (L_s + L_l)\dfrac{\mathrm{d}i_a}{\mathrm{d}t} + (L_{so} - L_s)\dfrac{\mathrm{d}i_o}{\mathrm{d}t} + e_a \\[2mm] u_b = (r_l + r_s)i_b + (L_s + L_l)\dfrac{\mathrm{d}i_b}{\mathrm{d}t} + (L_{so} - L_s)\dfrac{\mathrm{d}i_o}{\mathrm{d}t} + e_b \\[2mm] u_c = (r_l + r_s)i_c + (L_s + L_l)\dfrac{\mathrm{d}i_c}{\mathrm{d}t} + (L_{so} - L_s)\dfrac{\mathrm{d}i_o}{\mathrm{d}t} + e_c \end{cases} \tag{2.37}$$

一次侧为星接，中性点接地，二次侧为角接，则有如下关系：

$$i_a + i_b + i_c = 3i_o \tag{2.38}$$

有 $u_a + u_b + u_c = 0$，代入式（2.37）可得：

$$(L_{so} + L_l)\dfrac{\mathrm{d}i_o}{\mathrm{d}t} + (r_l + r_s)i_o + L_D\dfrac{\mathrm{d}i_D}{\mathrm{d}t} + r_D i_D = 0 \tag{2.39}$$

将前述单相等效电路电压平衡方程式（2.30）和式（2.38）联立可得：

$$i_o = i_D + \dfrac{1}{3}(i_{ma} + i_{mb} + i_{mc}) \tag{2.40}$$

将式（2.30）、式（2.32）和式（2.40）代入式（2.37）中，忽略系统阻抗，假设变压器一、二次侧绕组的漏抗相等，可求得故障冲击工况下 Ynd11 接线方式三相变压器的电压平衡方程为：

$$\begin{cases} u_a = r_l i_{ma} + (L_l + K_a)\dfrac{\mathrm{d}i_{ma}}{\mathrm{d}t} + (r_l + L_l)i_D \\[2mm] u_b = r_l i_{mb} + (L_l + K_b)\dfrac{\mathrm{d}i_{mb}}{\mathrm{d}t} + (r_l + L_l)i_D \\[2mm] u_c = r_l i_{mc} + (L_l + K_c)\dfrac{\mathrm{d}i_{mc}}{\mathrm{d}t} + (r_l + L_l)i_D \end{cases} \tag{2.41}$$

写成矩阵的形式为：

$$\begin{pmatrix} u_a \\ u_b \\ u_c \end{pmatrix} = \begin{pmatrix} r_l & 0 & 0 & r_l \\ 0 & r_l & 0 & r_l \\ 0 & 0 & r_l & r_l \end{pmatrix} \begin{pmatrix} i_{ma} \\ i_{mb} \\ i_{mc} \end{pmatrix} + \begin{pmatrix} L_l+K_a & 0 & 0 & L_l \\ 0 & L_l+K_b & 0 & L_l \\ 0 & 0 & L_l+K_c & L_l \end{pmatrix} \begin{pmatrix} \mathrm{d}i_{ma}/\mathrm{d}t \\ \mathrm{d}i_{mb}/\mathrm{d}t \\ \mathrm{d}i_{mc}/\mathrm{d}t \end{pmatrix} \tag{2.42}$$

Yny0 接线方式的三相变压器电路如图 2.9 所示。

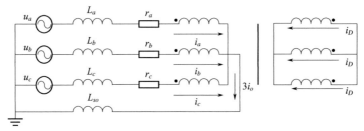

图 2.9　Yny0 接线方式的三相变压器接线图

由图 2.9 可知，Yny0 接线方式三相变压器一次侧的暂态方程与 Ynd11 接线方式相同，即：

$$\begin{cases} u_a = (r_l + r_s)i_a + (L_s + L_l)\dfrac{\mathrm{d}i_a}{\mathrm{d}t} + (L_{so} - L_s)\dfrac{\mathrm{d}i_o}{\mathrm{d}t} + e_a \\[2mm] u_b = (r_l + r_s)i_b + (L_s + L_l)\dfrac{\mathrm{d}i_b}{\mathrm{d}t} + (L_{so} - L_s)\dfrac{\mathrm{d}i_o}{\mathrm{d}t} + e_b \\[2mm] u_c = (r_l + r_s)i_c + (L_s + L_l)\dfrac{\mathrm{d}i_c}{\mathrm{d}t} + (L_{so} - L_s)\dfrac{\mathrm{d}i_o}{\mathrm{d}t} + e_c \end{cases} \tag{2.43}$$

一次侧为星接，中性点接地，二次侧为星接，则有如下关系：

$$\begin{cases} i_a + i_b + i_c = 3i_o \\ i_D = 0 \end{cases} \tag{2.44}$$

由单相等效电路可得如下关系：

$$\begin{cases} i_a = i_{ma} \\ i_b = i_{mb} \\ i_c = i_{mc} \end{cases} \tag{2.45}$$

将式（2.44）和式（2.45）联立可得：

$$i_{ma} + i_{mb} + i_{mc} = 3i_o \tag{2.46}$$

如前述推导方法可得故障冲击工况下 Yny0 接线方式三相变压器的电压平衡方程为：

$$\begin{cases} u_a = r_l i_{ma} + (L_l + K_a)\dfrac{\mathrm{d}i_{ma}}{\mathrm{d}t} \\[2mm] u_b = r_l i_{mb} + (L_l + K_b)\dfrac{\mathrm{d}i_{mb}}{\mathrm{d}t} \\[2mm] u_c = r_l i_{mc} + (L_l + K_c)\dfrac{\mathrm{d}i_{mc}}{\mathrm{d}t} \end{cases} \tag{2.47}$$

写成矩阵的形式为：

$$\begin{pmatrix} u_a \\ u_b \\ u_c \end{pmatrix} = \begin{pmatrix} r_l & 0 & 0 \\ 0 & r_l & 0 \\ 0 & 0 & r_l \end{pmatrix} \begin{pmatrix} i_{ma} \\ i_{mb} \\ i_{mc} \end{pmatrix} + \begin{bmatrix} L_l + K_a & 0 & 0 \\ 0 & L_l + K_b & 0 \\ 0 & 0 & L_l + K_c \end{bmatrix} \begin{pmatrix} \mathrm{d}i_{ma}/\mathrm{d}t \\ \mathrm{d}i_{mb}/\mathrm{d}t \\ \mathrm{d}i_{mc}/\mathrm{d}t \end{pmatrix} \tag{2.48}$$

Yy0 接线方式的三相变压器电路如图 2.10 所示。

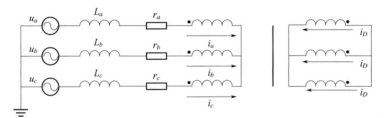

图 2.10 Yy0 接线方式的三相变压器接线图

由等效电路图可知，Yy0 接线方式三相变压器一次侧的暂态方程与 Yd11 接线方式时相同，即：

$$\begin{cases} u_a = (r_l + r_s)i_a + (L_s + L_l)\dfrac{\mathrm{d}i_a}{\mathrm{d}t} + u_N + e_a \\[2mm] u_b = (r_l + r_s)i_b + (L_s + L_l)\dfrac{\mathrm{d}i_b}{\mathrm{d}t} + u_N + e_b \\[2mm] u_c = (r_l + r_s)i_c + (L_s + L_l)\dfrac{\mathrm{d}i_c}{\mathrm{d}t} + u_N + e_c \end{cases} \tag{2.49}$$

一次侧为星接，二次侧为星接，则有如下关系：

$$\begin{cases} i_a + i_b + i_c = 0 \\ i_D = 0 \end{cases} \tag{2.50}$$

由单相等效电路可得如下关系：

$$\begin{cases} i_a = i_{ma} \\ i_b = i_{mb} \\ i_c = i_{mc} \end{cases} \tag{2.51}$$

有 $u_a + u_b + u_c = 0$，联立式(2.49) 可得：

$$u_N = -\frac{1}{3}(e_a + e_b + e_c) \tag{2.52}$$

如前述推导方法可得短路工况下 Yy0 接线方式三相变压器的电压平衡方程为：

$$\begin{cases} 3u_a = 3r_l i_{ma} + (3L_l + 3K_a)\dfrac{\mathrm{d}i_{ma}}{\mathrm{d}t} - K_b \dfrac{\mathrm{d}i_{mb}}{\mathrm{d}t} - K_c \dfrac{\mathrm{d}i_{mc}}{\mathrm{d}t} \\[2mm] 3u_b = 3r_l i_{mb} - K_c \dfrac{\mathrm{d}i_{ma}}{\mathrm{d}t} + (3L_l + 3K_a)\dfrac{\mathrm{d}i_{mb}}{\mathrm{d}t} - K_b \dfrac{\mathrm{d}i_{mc}}{\mathrm{d}t} \\[2mm] 3u_c = 3r_l i_{mc} - K_b \dfrac{\mathrm{d}i_{ma}}{\mathrm{d}t} - K_c \dfrac{\mathrm{d}i_{mb}}{\mathrm{d}t} + (3L_l + 3K_a)\dfrac{\mathrm{d}i_{mc}}{\mathrm{d}t} \end{cases} \tag{2.53}$$

写成矩阵的形式为：

$$\begin{pmatrix} 3u_a \\ 3u_b \\ 3u_c \end{pmatrix} = \begin{pmatrix} r_l & 0 & 0 \\ 0 & r_l & 0 \\ 0 & 0 & r_l \end{pmatrix} \begin{pmatrix} i_{ma} \\ i_{mb} \\ i_{mc} \end{pmatrix} + \begin{pmatrix} 3L_l + 3K_a & -K_b & -K_c \\ -K_c & 3L_l + 3K_a & -K_b \\ -K_b & -K_c & 3L_l + 3K_a \end{pmatrix} \begin{pmatrix} \mathrm{d}i_{ma}/\mathrm{d}t \\ \mathrm{d}i_{mb}/\mathrm{d}t \\ \mathrm{d}i_{mc}/\mathrm{d}t \end{pmatrix} \tag{2.54}$$

从以上可以看出，所得到的各电压平衡方程，即式（2.36）、式（2.42）、式（2.48）、式（2.54）都是关于故障冲击电流的一阶微分方程，只要求得 K_j，就可用 4 阶龙格-库塔法求解电流，其中 K_j 是关于 $\mathrm{d}B_j/\mathrm{d}t$ 的函数，对于 $\mathrm{d}B_j/\mathrm{d}t$ 的求解，可以利用 2.2 节中单相变压器磁化特性中的求解方法实现。

以 Yd11 接线方式为例，利用单相变压器故障冲击电流的相关求解方法，求解三相变压器的故障冲击电流。

由于三相合闸时各相剩磁不同，令 a、b、c 三相磁滞轨迹的起始点分别为 (h_1, b_1)、(h_2, b_2)、(h_3, b_3)，设 a 相合闸角为 α，则

$$\begin{cases} u_a = (U_m/1.73)\sin(\omega t + \alpha - 30°) \\ u_b = (U_m/1.73)\sin(\omega t + \alpha - 150°) \\ u_c = (U_m/1.73)\sin(\omega t + \alpha - 270°) \end{cases} \tag{2.55}$$

由前述 Yd11 接线方式三相变压器的解法可得：

$$\begin{cases} \dfrac{\mathrm{d}B_a}{\mathrm{d}t} = \dfrac{1}{N_a s}U_m \sin(\omega t + \alpha - 30°) \\[2mm] \dfrac{\mathrm{d}B_b}{\mathrm{d}t} = \dfrac{1}{N_b s}U_m \sin(\omega t + \alpha - 150°) \\[2mm] \dfrac{\mathrm{d}B_c}{\mathrm{d}t} = \dfrac{1}{N_c s}U_m \sin(\omega t + \alpha - 270°) \end{cases} \tag{2.56}$$

当磁滞轨迹在不饱和段内变化时，即 $-H_m < H < H_m$ 时，有如下几种情况。

(1) a 相

当 $\dfrac{\mathrm{d}B_a}{\mathrm{d}t} > 0$ 时，a 相磁滞轨迹上升过程：

$$B_a = \frac{\alpha B_1 - (\gamma H_1 + \pi/2)}{\alpha\{\arctan[\beta(H_1 - C)] - \pi/2\}}\{\arctan[\beta(H - C)] - \pi/2\} + \frac{1}{\alpha}(\gamma H + \pi/2)$$

$$(2.57)$$

上式两边分别对 H 求导，得：

$$\frac{\mathrm{d}B_a}{\mathrm{d}H} = \frac{\alpha B_1 - (\gamma H_1 + \pi/2)}{\alpha\{\arctan[\beta(H_1 - C)] - \pi/2\}} \times \frac{\beta}{1 + [\beta(H - C)]^2} + \frac{\gamma}{\alpha} \qquad (2.58)$$

当 $\dfrac{\mathrm{d}B_a}{\mathrm{d}t} < 0$ 时，a 相磁滞轨迹下降过程：

$$B_a = \frac{\alpha B_1 - (\gamma H_1 - \pi/2)}{\alpha\{\arctan[\beta(H_1 + C)] + \pi/2\}}\{\arctan[\beta(H + C)] + \pi/2\} + \frac{1}{\alpha}(\gamma H - \pi/2)$$

$$(2.59)$$

上式两边分别对 H 求导，得：

$$\frac{\mathrm{d}B_a}{\mathrm{d}H} = \frac{\alpha B_1 - (\gamma H_1 - \pi/2)}{\alpha\{\arctan[\beta(H_1 + C)] + \pi/2\}} \times \frac{\beta}{1 + [\beta(H + C)]^2} + \frac{\gamma}{\alpha} \qquad (2.60)$$

（2）b 相

当 $\dfrac{\mathrm{d}B_b}{\mathrm{d}t} > 0$ 时，b 相磁滞轨迹上升过程：

$$B_b = \frac{\alpha B_2 - (\gamma H_2 + \pi/2)}{\alpha\{\arctan[\beta(H_2 - C)] - \pi/2\}}\{\arctan[\beta(H - C)] - \pi/2\} + \frac{1}{\alpha}(\gamma H + \pi/2)$$

$$(2.61)$$

上式两边分别对 H 求导，得：

$$\frac{\mathrm{d}B_b}{\mathrm{d}H} = \frac{\alpha B_2 - (\gamma H_2 + \pi/2)}{\alpha\{\arctan[\beta(H_2 - C)] - \pi/2\}} \times \frac{\beta}{1 + [\beta(H - C)]^2} + \frac{\gamma}{\alpha} \qquad (2.62)$$

当 $\dfrac{\mathrm{d}B_b}{\mathrm{d}t} < 0$ 时，b 相磁滞轨迹下降过程：

$$B_b = \frac{\alpha B_2 - (\gamma H_2 - \pi/2)}{\alpha\{\arctan[\beta(H_2 + C)] + \pi/2\}}\{\arctan[\beta(H + C)] + \pi/2\} + \frac{1}{\alpha}(\gamma H - \pi/2)$$

$$(2.63)$$

上式两边分别对 H 求导，得：

$$\frac{\mathrm{d}B_b}{\mathrm{d}H} = \frac{\alpha B_2 - (\gamma H_2 - \pi/2)}{\alpha\{\arctan[\beta(H_2 + C)] + \pi/2\}} \times \frac{\beta}{1 + [\beta(H + C)]^2} + \frac{\gamma}{\alpha} \qquad (2.64)$$

（3）c 相

当 $\dfrac{\mathrm{d}B_c}{\mathrm{d}t} > 0$ 时，c 相磁滞轨迹上升过程：

$$B_c = \frac{\alpha B_3 - (\gamma H_3 + \pi/2)}{\alpha\{\arctan[\beta(H_3 - C)] - \pi/2\}}\{\arctan[\beta(H - C)] - \pi/2\} + \frac{1}{\alpha}(\gamma H + \pi/2)$$

$$(2.65)$$

上式两边分别对 H 求导，得：

$$\frac{\mathrm{d}B_c}{\mathrm{d}H}=\frac{\alpha B_3-(\gamma H_3+\pi/2)}{\alpha\{\arctan[\beta(H_3-C)]-\pi/2\}}\times\frac{\beta}{1+[\beta(H-C)]^2}+\frac{\gamma}{\alpha} \tag{2.66}$$

当 $\dfrac{\mathrm{d}B_c}{\mathrm{d}t}<0$ 时，c 相磁滞轨迹下降过程：

$$B_c=\frac{\alpha B_3-(\gamma H_3-\pi/2)}{\alpha\{\arctan[\beta(H_3+C)]+\pi/2\}}\{\arctan[\beta(H+C)]+\pi/2\}+\frac{1}{\alpha}(\gamma H-\pi/2)$$

$$\tag{2.67}$$

上式两边分别对 H 求导，得：

$$\frac{\mathrm{d}B_c}{\mathrm{d}H}=\frac{\alpha B_3-(\gamma H_3-\pi/2)}{\alpha\{\arctan[\beta(H_3+C)]+\pi/2\}}\times\frac{\beta}{1+[\beta(H+C)]^2}+\frac{\gamma}{\alpha} \tag{2.68}$$

对于饱和段的磁滞轨迹，采用式（2.12）求解 $\dfrac{\mathrm{d}B}{\mathrm{d}t}$，则式（2.36）中的各项电流均可求得。三相变压器各相故障冲击电流的求解流程与前述单相变压器故障冲击电流的求解方法相同。

2.3.2 电磁特性

对接线方式 Yd11、Ynd11、Yny0、Yy0，剩磁 $\Phi_r=(0,0,0)$，故障冲击相角 $\alpha=0\sim180°$ 的三相变压器故障冲击电流进行计算，取三相故障冲击电流第一个峰值进行比较，解析结果见表 2.2，变压器故障冲击电流第一个峰值和接线方式、故障冲击相角的关系如图 2.11 所示。

表 2.2　基于等效电路的三相变压器故障冲击电流峰值 1

接线方式		I/pu						
		$\alpha=0$	$\alpha=30°$	$\alpha=60°$	$\alpha=90°$	$\alpha=120°$	$\alpha=150°$	$\alpha=180°$
Yd11	a	9.4790	9.0691	7.5836	5.2644	5.0672	5.0629	5.0618
	b	5.0697	5.4743	7.2528	9.0664	9.4790	9.0496	7.5832
	c	5.0683	5.0631	5.0616	5.0617	5.0667	5.4742	7.2527
Ynd11	a	9.4790	9.0491	7.5836	5.2643	5.0671	5.0632	5.0583
	b	5.0698	5.4743	7.2528	9.0665	9.4790	9.0496	7.5832
	c	5.0673	5.0628	5.0616	5.0606	5.0664	5.4742	7.2527
Yny0	a	9.4790	9.0495	7.5834	5.2643	5.0695	5.0636	5.0617
	b	5.0697	5.4743	7.2530	9.0665	9.4789	9.0495	7.5834
	c	5.0697	5.0614	5.0570	5.0619	5.0666	5.4743	7.2530

接线方式		I/pu						
		$\alpha=0$	$\alpha=30°$	$\alpha=60°$	$\alpha=90°$	$\alpha=120°$	$\alpha=150°$	$\alpha=180°$
Yy0	a	9.4790	9.0495	7.5834	5.2642	5.0680	5.0631	5.0610
	b	5.0700	5.4743	7.2530	9.0664	9.4789	9.0491	7.5834
	c	5.0690	5.0614	5.0570	5.0619	5.0667	5.4742	7.2530

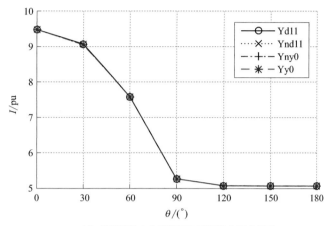

(a) a 相故障冲击电流峰值与故障冲击相角关系

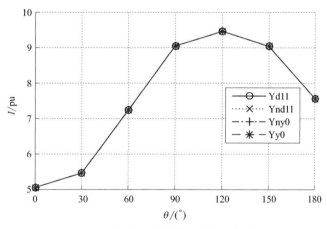

(b) b 相故障冲击电流峰值与故障冲击相角关系

图 2.11 故障冲击电流峰值和接线方式、故障冲击相角的关系

由表 2.2、图 2.11 可以看出，当剩磁 $\Phi_r=(0,0,0)$ 时，故障冲击相角对三相变压器故障冲击电流第一个峰值有很大影响，最大故障冲击电流峰值出现在各相短路相角过零时，连线方式对三相变压器故障冲击电流第一个峰值没有影响。

对接线方式 Yd11、Ynd11、Yny0、Yy0、剩磁 $\Phi_r=(0.8,0.4,-0.4)$、故障冲击相角 $\alpha=0\sim180°$ 的三相变压器故障冲击电流进行计算，取三相故障冲击电流第一个峰值进行比较，解析结果见表 2.3，变压器故障冲击电流第一个峰值和接线方式、故障冲击相角的关系如图 2.12 所示。

表 2.3　基于等效电路的三相变压器故障冲击电流峰值 2

接线方式		I/pu						
		$\alpha=0$	$\alpha=30°$	$\alpha=60°$	$\alpha=90°$	$\alpha=120°$	$\alpha=150°$	$\alpha=180°$
Yd11	a	9.6024	9.1075	7.6189	5.2644	5.0678	5.0577	5.0602
	b	5.0734	5.4694	7.2400	9.0661	9.4790	9.0496	7.5832
	c	5.0789	5.0688	5.0600	5.0619	5.0672	5.4747	7.2521
Ynd11	a	9.6700	9.1371	7.6389	5.2643	5.0640	5.0577	5.0602
	b	5.0710	5.4742	7.2521	9.0665	9.4790	9.0496	7.5832
	c	5.0686	5.0658	5.0600	5.0619	5.0646	5.4747	7.2521
Yny0	a	9.7659	9.2301	7.6679	5.2643	5.0640	5.0577	5.0601
	b	5.0778	5.4663	7.2403	9.0664	9.4789	9.0495	7.5834
	c	5.0765	5.0699	5.0600	5.0618	5.0646	5.4746	7.2524
Yy0	a	9.4792	9.0492	7.5833	5.2642	5.0673	5.0619	5.0596
	b	5.0690	5.4740	7.2530	9.0662	9.4789	9.0497	7.5834
	c	5.0644	5.0618	5.0602	5.0621	5.0677	5.4747	7.2524

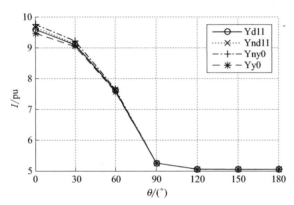

图 2.12　a 相故障冲击电流峰值与故障冲击相角关系

由表 2.3、图 2.12 可以看出,当剩磁 $\Phi_r=(0.8,0.4,-0.4)$ 时,故障冲击相角对三相变压器故障冲击电流第一个峰值有很大影响,连线方式对三相变压器故障冲击电流第一个峰值有影响,Yny0 接线方式三相变压器的故障冲击电流第一个峰值最大,Yy0 接线方式三相变压器的故障冲击电流第一个峰值最小。

综上所述,在单相变压器一次故障冲击工况下,故障冲击相角、剩磁与故障冲击电流、磁通、励磁电流的关系方面,受剩磁和故障冲击相角影响,励磁涌流波形存在半波间断,故障冲击电流波形不存在明显间断,剩磁和故障冲击相角对故障冲击电流第一个峰值均有影响,故障冲击相角的影响较大,剩磁的影响较小。

在三相变压器一次故障冲击工况下,故障冲击相角、剩磁、连线方式与故障冲击电流第一个峰值的关系方面,故障冲击相角对三相变压器故障冲击电流第一个峰值有很大影响，连线方式对三相变压器故障冲击电流第一个峰值的影响由剩磁决定，当剩磁不为零时，Yny0 接线方式三相变压器的故障冲击电流第一个峰值最大，Yy0 接线方式三相变压器的故障冲击电流第一个峰值最小。

参考文献

［1］ 张博 . 多次短路冲击条件下的大型变压器绕组强度与稳定性研究［D］. 沈阳：沈阳工业大学，2016.

［2］ 杨鸣，龙洋，汪可，等 . 考虑铁芯深度饱和特性的三相三柱变压器改进 BCTRAN 模型［J］. 中国电机工程学报，2023，43（2）：819-831.

第3章

电力变压器故障冲击热特性

3.1 概述

变压器在遭遇故障冲击时，绕组中流过的故障冲击电流远远超过其额定电流，这种突然的电流激增会导致绕组中的损耗显著增加。由于负载损耗与电流的平方成正比，故障冲击时的高电流将导致巨大的能量损耗，进而使得绕组的温度迅速升高。在故障冲击发生期间，由于持续时间相对较短，可以合理假设由故障冲击电流产生的热量几乎全部用于加热绕组导体，而散热现象可以忽略不计。

在进行变压器绕组故障冲击强度的校核时，通常会使用在40℃环境下测量得到的导线参数值。然而，实际情况中，变压器在正常运行状态下，其绕组的平均温度往往能够达到100℃以上。因此，温度对绕组轴向强度的影响不容忽视，需要在变压器设计和评估过程中予以充分考虑。

本章将对温度变化对变压器绕组轴向强度的具体影响进行详细分析。这包括温度对导线电阻、绝缘材料性能以及绕组机械强度的影响。通过这一分析，可以更准确地评估变压器在不同温度条件下的故障冲击耐受能力，从而为变压器的设计优化和运行维护提供科学依据。此外，这一研究还将有助于制定更为合理的变压器运行策略，以确保在极端条件下变压器的可靠性和安全性。

3.2 故障冲击绕组温升计算

3.2.1 经验公式

标准 GB 1094.5—2008《电力变压器 第 5 部分：承受短路的能力》中规定用于

计算承受耐热能力的电流的持续时间为 2s，在故障冲击后绕组平均温度的最大允许值，对铜绕组为 250℃，铝绕组为 200℃。

影响变压器绕组温升的两个主要因素是电阻损耗和附加损耗，其中电阻损耗可由公式(3.1)得出。

$$P_r = mI^2 r \tag{3.1}$$

式中，m 为相数；I 为被计算绕组的相电流，A；r 为被计算绕组的每相电阻，Ω，一般换算到参考温度 75℃时的电阻。

绕组的附加损耗可按下式计算。

$$P_f = P_r \frac{K_f}{100} \tag{3.2}$$

式中，K_f 为被计算绕组的附加损耗百分数。

变压器在遭受绕组故障冲击时，会产生大量热量。由于热量传递的速度相对较慢，可以认为在故障冲击初期，变压器内部的热量并未显著散失至外界环境，因此，这一过程可以近似为绝热过程。当故障冲击电流流经变压器时，负载损耗将按电流的平方增大，使绕组的温度升高，铜导体的损耗转换成温度变化的平衡式为：

$$P_k (1 + \frac{\Delta\tau}{235 + \theta_0} dt) = cG d(\Delta\tau) \tag{3.3}$$

式中，P_k 为负载损耗，W；$\Delta\tau$ 为短路电流通过 $t = 2s$ 后绕组温升，K；θ_0 为短路开始时绕组平均温度，对于空气冷却的油浸式变压器 $\theta_0 = 105℃$，对于水冷却的油浸式变压器 $\theta_0 = 95℃$；c 为铜导体比热容，为 395J/(kg·K)；G 为铜导体质量，kg。

于是，可得出铜绕组故障冲击后的温升值为：

$$\theta_1 - \theta_0 = \frac{2(235 + \theta_0)}{\frac{106000}{\delta^2 t} - 1} \tag{3.4}$$

以一台型号为 SZ11-63000kVA/110kV 的变压器为例进行温升计算，详细结果列示于表 3.1。通过分析计算结果，可以观察到一个重要现象：尽管故障冲击发生时电流会急剧上升，但由于故障冲击持续的时间极为短暂，绕组的温度相较于故障冲击前仅上升了几摄氏度。这一现象在重合闸后的故障冲击情况下同样成立。

表 3.1 故障冲击前后绕组温度值

项目	绕组	故障冲击前绕组温度/℃	故障冲击后绕组温度/℃
故障冲击	低压绕组	105	108.8
	高压绕组	105	109.2
长时故障冲击	低压绕组	108.8	114.6
	高压绕组	109.2	115.7

基于这一发现，可以得出结论，温升对于初次故障冲击和重合闸后故障冲击的变压器绕组线饼弹性模量的影响是相同的。这是因为在短时间内，温度变化对于材料的

物理性质，特别是弹性模量的影响相对较小。因此，在评估变压器绕组的抗故障冲击能力时，只需关注初次故障冲击后的弹性模量数值。

这一结论对于变压器的设计和安全评估具有重要意义。它意味着在进行变压器绕组的故障冲击强度校核时，可以简化计算过程，只需针对初次故障冲击后的情况进行分析。这不仅提高了计算效率，还有助于更准确地评估变压器在实际运行中可能遇到的故障冲击情况。同时，这也表明了在变压器的设计和运行中，对于故障冲击保护和故障处理策略的制定，应重点考虑故障冲击电流的峰值及其对绕组材料性能的即时影响，而非温升对材料长期性能的影响。

3.2.2　有限元

变压器内部的多物理场研究是确保其性能和可靠性的关键。这些物理场主要包括电磁场、流场和温度场，它们之间相互影响，形成了复杂的耦合关系。为了准确地计算变压器绕组区域的温度分布，必须解决电磁场问题（包括电磁损耗及其分布）和流场问题（涉及流体的温度分布）。绕组区域的耦合场框图，如图 3.1 所示。

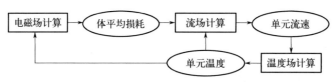

图 3.1　耦合场分析示意图

在进行变压器内部电磁场和流场的数值计算时，通常面对的是弱耦合关系。这意味着虽然各个物理场之间存在相互作用，但这种作用相对较弱，可以通过近似方法或者分步求解的方式来处理。例如，可以先求解电磁场问题，得到电磁损耗分布，然后再利用这些数据来求解流场和温度场问题。这种方法可以简化计算过程，同时仍然能够保证结果的准确性。

数值计算方法，如有限元分析（FEA）和计算流体动力学（CFD），在这类多物理场问题的分析中发挥着重要作用。通过这些高级计算工具，工程师可以模拟变压器在各种工作条件下的行为，包括在故障冲击、过载或其他极端情况下的性能。这不仅有助于优化变压器的设计，提高其效率和可靠性，还能够为故障诊断和预防性维护提供理论依据。变压器内部的多物理场研究是一个复杂但至关重要的任务。通过深入理解和精确计算电磁场、流场和温度场的耦合关系，能够更好地预测变压器的行为，确保其在电力系统中的稳定和高效运行。

变压器绕组线饼的热边界问题是一个典型的流-固耦合问题，涉及热能在流体（如冷却油）和固体（如绕组线饼）之间的传递。在这一过程中，热边界条件是由热量交换的动态过程决定的，这意味着它们不能在计算开始前就被简单地预设为已知条件。

在实际的热传递过程中，流体与壁面（即绕组线饼的表面）之间的相互作用是复杂的。这种相互作用决定了热流密度和界面温度，两者都是流-固耦合问题求解过程中的关键变量。因此，在进行数值模拟时，必须采用适当的耦合方法来同时求解流体和固体的温度场，以及它们之间的相互作用。

在流-固耦合问题中，通常需要使用迭代求解方法。初始时，可以假设一个热流密度或界面温度作为起点，然后通过迭代计算流体和固体的温度分布，直到两者之间的热交换达到平衡状态。在这个平衡状态下，计算得到的热流密度和界面温度将满足热边界条件，即流体和固体之间的热量交换达到一致。

绕组区域的传热过程是油浸式变压器热管理的关键部分，涉及复杂的热传导、对流和辐射机制。为了描述这一过程，可以建立一个微分控制方程，该方程将综合考虑这些热传递方式。以下是绕组区域传热过程的详细描述。

① 热传导：绕组和铁芯内部产生的热量首先通过热传导的方式传递到其外表面。这一过程中，热能沿着温度梯度从高温区域向低温区域传递。热传导的数学表达可以通过傅里叶定律来描述，即：

$$q = -kA \frac{\partial T}{\partial x}$$

式中，q 是通过面积 A 的热流量，W/m^2；k 是材料的热导率，$W/(m \cdot ℃)$；T 是温度，$℃$；x 是距离，m。

② 对流换热：绕组外表面与周围油介质之间的温差引起对流换热。热能通过流体的运动传递给附近的油，导致油的温度上升。对流换热的速率可以通过牛顿冷却定律来估算：

$$q = hA(T_{表面} - T_{油})$$

式中，h 是对流换热系数，$W/(m^2 \cdot ℃)$；$T_{表面}$ 是绕组外表面的温度；$T_{油}$ 是油的温度。

③ 自然对流循环：随着油温的升高，热油上升而冷油下降，形成自然对流循环。这一循环有助于维持油温的均匀分布，并促进热量从热源传递到冷却设备。

④ 辐射换热：油箱壁和散热器管壁通过辐射方式与周围空气交换热量。辐射换热的速率可以通过斯特藩-玻尔兹曼定律来计算：

$$q = \varepsilon \sigma A T^4$$

式中，ε 是表面的辐射率；σ 是斯特藩-玻尔兹曼常数，约为 $5.67 \times 10^{-8} W/(m^2 \cdot K^4)$；$T$ 是绝对温度，K。

综合以上各点，绕组区域的传热过程可以通过一个包含热传导、对流和辐射的耦合微分方程来描述。在实际应用中，通常需要借助数值方法和计算工具，如有限元分析（FEA）软件，来求解这一复杂的耦合方程，并预测变压器在不同工作条件下的温度分布。

图 3.2 展示了油浸式大容量变压器在轴向高度方向上的温度分布情况。通过这张图，可以观察到不同部分的温度变化趋势，以及它们之间的相互关系。具体来说，图中的四条曲线分别代表了变压器内部不同组件的温度分布情况。

① 曲线1——绕组温度分布：绕组是变压器产生热量的主要来源，其温度分布反映了负载损耗和冷却效率。通常情况下，绕组的温度随着高度的增加而升高，因为热量从热源（绕组）向上通过油和油箱传递。

② 曲线2——铁芯温度轴向分布：铁芯也会因为涡流损耗和磁滞损耗产生热量。铁芯的温度分布通常比绕组的温度低，但也呈现随着高度增加而升高的趋势。

③ 曲线3——油温度分布：油作为冷却介质，其温度分布反映了热量从绕组和铁芯传递到油箱外表面的过程。油的温度在上升过程中逐渐增加，这是因为热油上升而冷油下沉的自然对流作用。

④ 曲线4——油箱外表面温度分布：油箱外表面的温度分布显示了热量通过油箱壁传递到周围空气中的情况。油箱表面的温度通常比油的温度低，因为热量通过油箱壁向外散发，同时受到周围空气冷却的影响。

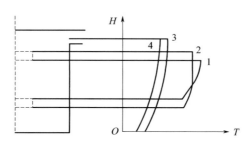

图 3.2　油浸式电力变压器温度沿高度方向的典型分布
1—绕组；2—铁芯；3—油；4—油箱外表面

从这些曲线可以看出，变压器内部的热量传递是一个复杂的过程，涉及多个步骤和多个热阻。每一步的热阻都会产生一定的温差，这些温差的大小取决于变压器的负载损耗、冷却介质的物理特性（如热导率、比热容、对流换热系数等），以及变压器的设计（如冷却方式、油箱结构等）。

为了确保变压器的安全运行和最佳性能，设计时需要考虑这些温度分布特性，并采取适当的冷却措施来控制温度上升，防止过热导致的绝缘老化和设备损坏。通过优化冷却系统和改进变压器设计，可以有效地提高变压器的热效率和可靠性。

根据变压器绕组区域的结构特点，可以将绕组内流场和温度场直接耦合计算的求解域简化为两相邻撑条之间的区域，具体求解域结构如图3.3所示，由图可见，S_1、S_2、S_3、S_4 为绝热面，S_5、S_6、S_7、S_8 为流-固耦合面。

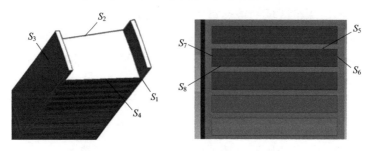

图 3.3　流场与温度场直接耦合计算求解域

在求解稳态条件下的绕组区域温度场时，确实可以通过忽略时间项来简化导热方程，因为稳态意味着温度分布不随时间变化。在这种情况下，关注的是温度场的空间分布，而不是其随时间的变化。

绕组区域的导热过程涉及绕组导线和绕组绝缘。导线材料通常是铜或铝材料，而绝缘材料则可能是漆包线、绝缘纸或其他绝缘材料。这些材料的热导率和其他物理特性对温度场的分布有显著影响。在笛卡儿坐标系下，方程写为：

$$\frac{\partial}{\partial x}\left(\lambda\frac{\partial T}{\partial x}\right)+\frac{\partial}{\partial y}\left(\lambda\frac{\partial T}{\partial y}\right)+\frac{\partial}{\partial z}\left(\lambda\frac{\partial T}{\partial z}\right)=-q,(x,y,z)\in\Omega \tag{3.5}$$

$$\frac{\partial T}{\partial n}=0,(x,y,z)\in S_1,S_2,S_3,S_4 \tag{3.6}$$

绕组区域内冷却介质油的温升计算确实是一个三维对流换热问题，涉及流体动力学和热传递的复杂相互作用。油作为换热介质，主要从绕组线饼吸收热量，并通过流动将热量传递到变压器的其他部分。求解绕组流场的区域通常包括内部和外部的轴向油道以及辐向油道。在这一过程中，入口流量的边界条件是根据前文提到的整体油路计算得到的，它决定了各绕组油流的分配。在忽略重力和浮力的影响下，对流换热过程可以通过以下三个守恒定律来描述，从而得到相应的三维控制方程。

质量守恒（连续性方程）：

$$\nabla\cdot\boldsymbol{v}=0 \tag{3.7}$$

式中，$\boldsymbol{v}$ 是流体的速度矢量。

动量守恒（纳维-斯托克斯方程）：

$$\rho\left(\frac{\partial\boldsymbol{v}}{\partial t}+\boldsymbol{v}\cdot\nabla\boldsymbol{v}\right)=-\nabla p+\mu\nabla^2\boldsymbol{v}+\boldsymbol{f} \tag{3.8}$$

式中，ρ 是流体密度；p 是压力；μ 是动力黏性系数；f 是体积力（如由温度梯度引起的浮力，但在本问题中忽略）。

能量守恒：

$$\rho c_p\left(\frac{\partial T}{\partial t}+\boldsymbol{v}\cdot\nabla T\right)=k\nabla^2T+q \tag{3.9}$$

式中，c_p 是流体的比热容；T 是温度；q 是单位体积内的内热源（例如，由绕组线饼产生的热量）。

这些方程需要结合适当的边界条件和初始条件来求解，例如，入口的油温、速度、压力以及边界面上的温度和对流换热系数。在实际计算中，通常使用计算流体动力学（CFD）软件来求解这些三维控制方程，以模拟油在变压器内部的流动和传热过程。通过这些模拟，可以预测油的温升和温度分布，从而为变压器的冷却设计和运行维护提供重要的信息。

在采用直接耦合计算方法进行绕组温度场的模拟时，确实不是所有的面都需要设置边界条件。直接耦合计算方法是一种将多个物理过程（如流体动力学和热传递）结合在一起进行模拟的方法，它允许不同物理场之间的相互作用在一个统一的框架内进行计算。

在这种方法中，体与体之间的耦合面通过所谓的耦合边界来处理。耦合边界是一种特殊的边界条件，它允许在相邻的不同物理域之间传递信息。例如，在绕组和冷却油之间的耦合面上，可以直接交换热量和流体动力学信息，而不需要预先设定固定的边界条件。这种方法允许系统自动计算热流和温度分布，从而更准确地模拟实际的物理过程。

在对流换热过程中，热边界条件通常是未知的，因为它们受到流体与壁面之间相互作用的影响。这种相互作用包括流体的速度、温度和壁面的性质。在直接耦合计算中，这些未知的热边界条件通过迭代求解过程来确定。初始时，可能会假设一些边界条件，然后通过迭代计算，不断更新这些条件，直到达到收敛状态，即连续迭代的结果不再有显著变化。

在流体域中，热传递是通过能量输运方程来控制的。以流体比焓 h 及温度 T 为变量的能量守恒方程为：

$$\frac{\partial(\rho h)}{\partial t}+\frac{\partial(\rho uh)}{\partial x}+\frac{\partial(\rho vh)}{\partial y}+\frac{\partial(\rho wh)}{\partial z}=\nabla \cdot (\lambda \cdot \nabla T)-p \cdot \nabla U+\Phi+S_h \quad (3.10)$$

式中，λ 是流体热导率；S_h 为流体的内热源；Φ 为由于黏性作用机械能转化为热能的部分，为耗散函数。

$$\Phi=\mu\left\{2\left[\left(\frac{\partial u}{\partial x}\right)^2+\left(\frac{\partial v}{\partial y}\right)^2+\left(\frac{\partial w}{\partial z}\right)^2\right]+\left(\frac{\partial u}{\partial y}+\frac{\partial v}{\partial x}\right)^2+\left(\frac{\partial u}{\partial z}+\frac{\partial w}{\partial x}\right)^2+\left(\frac{\partial v}{\partial z}+\frac{\partial w}{\partial y}\right)^2\right\}+$$
$$\lambda(\nabla \cdot U)^2 \quad (3.11)$$

公式(3.10)中的 $p\nabla \cdot U$ 是表面力对流体微元体所做的功，一般可以忽略。液体和固体中 $h=c_pT$，进一步取 c_p 为常数，并把耗散函数 Φ 纳入源项 $S_T(S_T=S_h+\Phi)$ 中，可得：

$$\frac{\partial(\rho T)}{\partial t}+\nabla \cdot (\rho UT)=\nabla \cdot \left(\frac{\lambda}{c_p}\mathrm{grad}T\right)+S_T \quad (3.12)$$

流体状态方程：

$$P=P(\rho,T) \quad (3.13)$$

$$i=i(\rho,T) \quad (3.14)$$

式中，ρ 为流体密度；μ 为流体动力黏度；i 为流体内能；T 为流体温度；P 为流体压力；λ 为第二黏性系数。

在进行绕组温升计算的仿真分析时，计算区域的离散网格扮演着至关重要的角色。网格的质量，包括其大小、形状和分布，对于确保数值计算的稳定性、收敛性、计算效率，以及最终结果的准确性和分辨率都有着直接的影响。

网格质量的影响因素如下。

① 稳定性：高质量的网格有助于提高数值解法的稳定性，减少因网格划分不当导致的数值振荡或奇异性。

② 收敛性：良好的网格设计可以加快收敛速度，减少迭代次数，从而节省计算

时间。

③ 计算效率：高效的网格可以减少不必要的计算量，提高计算速度，尤其是在处理大规模问题时尤为重要。

④ 准确性：精确的网格划分能够更好地捕捉物理现象的细节，提高计算结果的准确性。

⑤ 分辨率：高分辨率的网格能够提供更细致的温度分布图，有助于分析局部热点等问题。

然而，计算模型的总网格量受到计算机硬件配置的限制，特别是内存和CPU的性能。在有限的硬件资源下，需要在网格质量和计算成本之间找到一个平衡点。这通常涉及以下几个方面的考虑。

① 网格细化：在关键区域（如绕组热点附近）使用更细的网格以提高结果的分辨率，而在其他区域使用较粗的网格以节省计算资源。

② 硬件升级：如果可能，升级硬件资源（如增加内存、使用更高性能的CPU）可以处理更复杂的网格，从而提高计算质量。

③ 并行计算：利用并行计算资源可以将计算任务分配到多个处理器上，从而提高计算效率。

在实际的仿真计算中，通常需要通过多次试验和验证来确定最佳的网格划分策略，以确保在有限的计算资源下获得尽可能准确的计算结果。此外，还可以使用网格独立性检验来验证网格划分的合理性，确保计算结果对于网格大小不敏感。

在进行绕组区域垂直油道的网格划分和计算时，网格数量的变化对计算结果有着显著的影响。图3.4所示的网格示例，随着网格数量的增加，计算结果会逐渐改变，直到达到一个稳定的状态。这个稳定状态表明，增加更多的网格数量不会显著改善计算结果的准确性或分辨率。

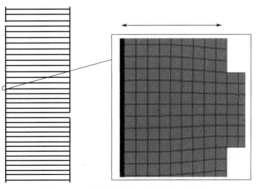

图 3.4　网格剖分（局部放大图）

以高压绕组的油流量为0.46kg/s的情况为例，我们可以观察到油流阻力随垂直油道水平方向网格数量变化的变化趋势。如图3.5所示，当网格数量增加到9个以上时，流体阻力的计算结果基本保持稳定，不再随着网格数量的进一步增加而发生较大变化。这意味着在这个特定的案例中，9个网格数量已经足够捕捉流体阻力的主要特征，进一步增加网格数量将不会带来显著的计算效益。

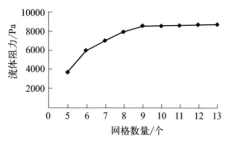

图 3.5　高压绕组油流阻力变化曲线

这一现象在计算流体动力学（CFD）中是常见的，它反映了网格独立性的一个关键概念。网格独立性检验是验证数值模拟结果可靠性的重要步骤。通过比较不同网格数量下的计算结果，可以确定一个合适的网格大小，以确保结果的准确性，同时避免不必要的计算资源浪费。

在实际的工程应用中，进行网格独立性检验是至关重要的。它不仅有助于优化计算资源的使用，还确保了仿真结果的可信度。此外，对于不同的计算问题和不同的计算区域，可能需要不同的网格数量来达到网格独立性。因此，对于每个新的计算案例，都需要进行类似的网格敏感性分析，以确定最佳的网格配置。

变压器流-固耦合问题的处理采用整场离散和整场数值求解的方法是一种高效的计算策略。这种方法将变压器内不同的区域，如固体部分（绕组、铁芯等）和流体部分（冷却油），视为一个统一的换热系统来处理。在这个系统中，各个区域虽然使用相同的通用控制方程，但是它们的广义扩散系数和广义源项会根据各自区域的物理特性和热传递机制而有所不同。

有限体积法（finite volume method，FVM）是解决这类耦合问题的一种常用数值方法。它将计算域划分为一系列控制容积（或称为单元格），并在这些控制容积上应用守恒定律，从而将连续的偏微分方程转化为一组离散的代数方程。这种方法的优势如下。

① 简化耦合界面处理：在耦合问题中，固体与流体的分界面成为控制容积的界面。有限体积法允许在这些界面上直接应用连续性条件，无需进行复杂的迭代过程，从而简化了耦合界面的处理。

② 提高计算效率：由于省去了不同区域之间的反复迭代，计算时间可以显著缩短。这对于大规模或复杂的耦合问题尤其重要。

③ 确保数值稳定性：有限体积法在处理复杂的多物理场问题时，通常能够提供稳定的数值解。

在处理固体与流体界面的温度场耦合时，当量扩散系数的确定是关键。在这些界面上，通常采用调和平均法来计算当量扩散系数。这种方法考虑了固体和流体各自的热导率和热扩散率，通过它们的调和平均值来确定界面上的热传递特性。

在处理绕组围屏壁面上的物理量与湍流核心区内未知量之间的关系时，本文采用了一种高效的数值模拟策略。这种策略涉及使用湍流模型来求解湍流核心区的流动特性，而在靠近壁面的区域则不直接进行求解。

在湍流核心区，流动通常较为复杂，且远离壁面，因此需要使用湍流模型（如 k-ε 模型、k-ω 模型等）来描述流动的特性和热传递过程。这些模型能够捕捉湍流的统计特性，如湍流动能、湍流耗散率等，从而为求解流动和热传递提供必要的信息。

而在壁面区域，由于流动受到壁面的影响，出现了边界层效应，流动特性与湍流核心区特性显著不同。在边界层内，流动从层流过渡到湍流，且靠近壁面处的流动速度接近于零。在这种情况下，直接求解壁面区域内的流动将非常复杂且计算成本高昂。

为了解决这一问题，本文采用了半经验公式来建立壁面上的物理量与湍流核心区内求解变量之间的联系。这些半经验公式通常是基于实验数据和理论分析得出的，能够以较为简单的形式描述壁面附近的流动和热传递特性。例如，可以使用壁面函数或律动边界条件来近似壁面附近的流动和温度分布。

通过这种方法，无需对壁面区内的流动进行详细求解，就可以直接得到壁面相邻控制体积的节点变量值。这不仅显著降低了计算的复杂性，还减少了所需的计算资源，使得对绕组围屏壁面附近的流动和热传递进行高效、准确的模拟成为可能。这种策略在计算流体动力学（CFD）中被广泛应用，特别是在处理涉及复杂几何形状和近壁面效应的工程问题时。

当与壁面相邻的控制体积的节点满足 $y^+ \geq 11.63$ 时，流动处于对数律层，此时的速度 u 可借助下式求得：

$$u^+ = \frac{1}{k}\ln(Ey^+) \tag{3.15}$$

当与壁面相邻的控制体积的节点满足 $y^+ < 11.63$ 时，控制体积内流动处于黏性底层，此时的速度 u 可借助下式求得：

$$u^+ = y^+ \tag{3.16}$$

能量方程以温度 T 为求解未知量，为了建立计算网格点上的温度与壁面上的物理量之间的关系，定义新的参数 T^+ 如下：

$$T^+ = \frac{(T_w - T_p)\rho c_p C_\mu^{1/4} k_p^{1/2}}{q_w} \tag{3.17}$$

式中，T_p 是与壁面相邻的控制体积的节点 p 处的温度；T_w 是壁面的温度；ρ 是流体的密度；c_p 是流体的比热容；q_w 是壁面上的热流密度。

壁面函数法通过下式将计算网格节点上的温度 T 与壁面上的物理量相联系。

$$T^+ = \mathrm{Pr}_t\left[\frac{1}{k}\ln(Ey^+) + P\right] \tag{3.18}$$

$$P = 9.24\left[\left(\frac{\mathrm{Pr}}{\mathrm{Pr}_t}\right)^{3/4} - 1\right](1 + 0.28\mathrm{e}^{-0.007\mathrm{Pr}/\mathrm{Pr}_t}) \tag{3.19}$$

式中，Pr 是分子 Prandtl 数；k 是流体的传热系数；Pr_t 是湍动 Prandtl 数（壁面上）。

在壁面上湍动能 k_T 的边界条件为：

$$\frac{\partial k_T}{\partial n} = 0 \tag{3.20}$$

式中，n 是垂直于壁面的局部坐标。

ε 可按下式计算：

$$\varepsilon = \frac{C_\mu^{3/4} k_p^{3/2}}{k \Delta y_p} \tag{3.21}$$

3.3 绕组区域温度场计算与分析

3.3.1 基本假设与边界条件

在处理复杂的绕组区域冷却油路的数值仿真计算时，建立一个既能够准确捕捉主要传热特征又能保持较高求解效率的模型是至关重要的。绕组区域的冷却油路通常包括横向油路、纵向油路、串联油路和并联油路，这些油路的设计旨在优化变压器内部的热传递效率。

为了简化模型并提高计算效率，本节的仿真模型考虑了内部多条辐向支路和两条轴向并联支路组成的耦合流动传热系统。通过将绕组区域近似为一个轴对称的圆柱体，并考虑到撑条及垫块将绕组分割成多条并联支路的事实，模型能够集中关注单条支路的流动和温升特性，从而实现简化计算。

以高压绕组为例，本节选取了 1/40 的圆周区域，即从内围屏到外围屏之间的部分，来建立三维计算模型。这种方法允许模型在保持足够细节以捕捉热传递过程的同时，显著减少了所需的计算资源。在计算过程中，热源（由绕组损耗产生）和进油口流速是基于前文计算结果确定的，这为模型提供了必要的边界条件。

通过这种仿真模型，可以有效地分析绕组区域的油流分布和温升情况，从而为变压器的冷却设计和热管理提供重要的参考信息。此外，这种模型还可以用于评估不同冷却方案的性能，以及在发生故障或负载变化时变压器的热稳定性。通过优化冷却油路的设计，可以提高变压器的可靠性和寿命，确保其在各种工作条件下的安全运行。

在建立绕组区域的数值仿真模型时，正确设置边界条件是至关重要的，因为它们直接影响到计算结果的准确性和可靠性。针对绕组区域的特点，以下是对各个边界条件的详细设置。

（1）热源密度设置

通过权重系数方法计算得到绕组各线饼的杂散损耗，这些损耗是由于非理想电流分布导致的额外损耗。

各线饼的热源密度根据这些杂散损耗的平均值进行赋值，使得模型中的绕组线饼能够准确地表示为热源体。

（2）入口流量设置

基于有限体积法（FVM）和自由液面界面捕捉（FLIC）耦合方法得到的流量数据，为计算模型的下端部入口设定质量流边界条件。

流向设定为法向于入口的流向，确保油流正确进入计算域。

（3）出口边界设置

绕组区域的上端出口设置为静压出口边界，这意味着在此边界上，流体的压力被认为是已知的，而速度分量则由求解过程确定。

（4）壁面边界条件

由于绕组区域流体的流态为层流，壁面设定为无滑移固壁，即流体在壁面处的速度为零，且无切向滑移。

（5）绝热固壁设置

绕组区域的主绝缘结构为薄纸筒小油隙，这种结构不利于散热，因此外壁设定为绝热固壁，即不与外界发生热量交换。

（6）浮升力的忽略

油泵的动力远大于绕组区域可能产生的浮升力，因此在计算绕组油流阻力时可以忽略浮升力的影响。

（7）并联结构处理

绕组油路为多支路并联结构，因此在设置边界条件时不采用对称面边界条件，而是根据实际的油路结构来设定各个支路的流动和热传递特性。

上述边界条件的精确设置，可以确保仿真模型准确地反映绕组区域的实际物理情况，从而为变压器的热管理和冷却设计提供可靠的计算结果。

3.3.2 场计算与分析

根据图 3.6 所示的高压绕组上端部、中部及下端部区域的温度场分布，我们可以观察到绕组内部的温度场呈现出特定的分布特征。这些特征反映了绕组内部热源分布、冷却油流动和热传递效率的复杂相互作用。

从图 3.7 中的线饼铜-油平均温升分布可以看出，绕组上端部的温升最高，这可能是由该区域的热源密度较大，即损耗较高，以及冷却油流动可能存在的不均匀性导致的。随着高度的降低，温升逐渐下降，这可能是因为冷却油在流经绕组时带走了部分热量，从而降低了温升。

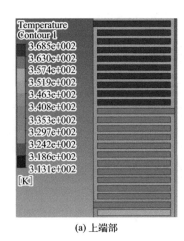
(a) 上端部

(b) 中部

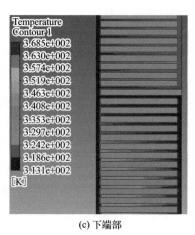
(c) 下端部

图 3.6　高压绕组区域温度场

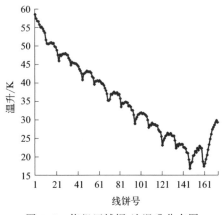

图 3.7　绕组区域铜-油温升分布图

值得注意的是，在绕组的最末端线饼处，温升出现了反弹，即温升高于其上部区域线饼的温升。这一现象可能与冷却油流动的局部变化有关，例如，油流在绕组末端可能因为结构变化或流动路径的曲折而导致局部热传递效率降低。

前文的损耗分析指出，绕组两端部的损耗密度较大，这与温升分布的趋势相吻合。损耗密度较大的区域会产生更多的热量，从而导致温升较高。这一现象强调了在变压器设计和运行中，需要特别关注绕组两端部的热管理，以确保变压器的稳定运行和使用寿命的延长。

图 3.7 中展示的线饼温升波动揭示了变压器内部冷却油流动和热传递的复杂性。导油挡板的放置对绕组的冷却效率有着显著的影响，具体表现在以下几个方面。

（1）导油挡板的冷却效果

波谷位置对应导油挡板放置的区域，这些区域的油流速较快，因为导油挡板的作用是引导油流，增强冷却效果。

导油挡板通过强迫冷却的方式，将变压器油导向水平油道两侧的绕组，从而更有效地带走绕组产生的热量。这种增强的冷却作用改善了该区域绕组的散热条件，使得这些位置的温升低于周围线饼，即波谷位置的温升较低。

（2）导向区中间位置的温升

波峰位置位于各导向区的中间位置，这些区域的轴向油路油流速度较快，而辐向油道的油流速度较慢。

高压绕组的辐向尺寸较大，线饼主要依赖辐向油道进行散热。因此，当轴向油流速度较快而辐向油流速度较慢时，散热效率降低。这导致中间位置的线饼平均温升高于周围线饼，即波峰位置的温升较高。

通过分析这些温升波动，我们可以得出结论：导油挡板的设置对于改善变压器绕组的冷却效果至关重要。它们通过引导油流，提高了特定区域的冷却效率，从而降低了这些区域的温升。然而，在导向区中间位置，轴向和辐向油流速度的不匹配，可能导致散热效率不足，进而导致温升较高。

以高压绕组为例，在最小分接运行工况下，对绕组温升的解析计算、数值计算结果和实验进行了比较，如表 3.2 所示。由表可知，应用本文的计算方法得到的结果与实验得到的结果比较接近，平均温升和热点温升的计算误差均在 ±5％ 以内，计算精度优于工程计算的精度。

表 3.2 高压绕组温升结算结果对比

对比项	解析法	热网络法	多场耦合法	实验值
平均温升/K	42.1	43.7	45.3	46.8
热点温升/K	61.3	60.6	58.2	56.8

3.4 温升对弹性模量的影响

影响绕组轴向失稳判据的几个参数中，受温度影响的参量只有铜导线弹性模量这一参量，因此需要分析温度对铜导线弹性模量的影响，来校核绕组的轴向稳定性。

铜导体的弹性模量 E 与等温压缩系数 K_T 互为倒数的关系：

$$E = \frac{1}{K_T} \tag{3.22}$$

在常温大气压下，弹性模量随温度的变化关系为：

$$E = \frac{\sqrt{2}}{9r_0} \left[\alpha_0 - \frac{18\varepsilon_1}{\alpha_0^2} kT + \frac{54\varepsilon_1^2 \varepsilon_2}{\alpha_0^2} (kT)^2 \right] \tag{3.23}$$

式中，α_0 为简谐系数；ε_1 为第一非简谐系数；ε_2 为第二非简谐系数；r_0 为平衡时两原子间距离。

根据资料可得出 α_0、ε_1、ε_2 和 r_0 这 4 个参数的取值分别为 $\alpha_0 = 1.2767 \times 10^2 \mathrm{J/s^2}$，$r_0 = 2.5508 \times 10^{-10} \mathrm{m}$，$\varepsilon_1 = -2.0806 \times 10^{12} \mathrm{J/m^3}$，$\varepsilon_2 = 2.2669 \times 10^{22} \mathrm{J/m^4}$。将其值代入式(3.18)，可得出图 3.8 的曲线图，可以看出，金属 Cu 的弹性模量随温度的升高而近似于线性减小。由计算结果可知，Cu 的温度每升高 1K，弹性模量的相对减少量为 $0.0005 \times 10^{10} \mathrm{N/m^2}$。

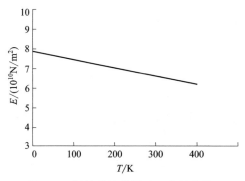

图 3.8　铜的弹性模量随温度的变化

参考文献

［1］　张博．多次短路冲击条件下的大型变压器绕组强度与稳定性研究［D］．沈阳：沈阳工业大学，2016.

［2］　井永腾．大容量变压器中油流分布与绕组温度场研究［D］．沈阳：沈阳工业大学，2014.

［3］　李龙女．自然油循环变压器的油流分布与温度场研究［D］．沈阳：沈阳工业大学，2016.

第4章

电力变压器绕组故障冲击力学特性

4.1 概述

在电力系统中，变压器绕组的受力形变是导致绝缘破裂、匝间短路等严重事故的直接诱因。在变压器遭受故障冲击而损坏的案例中，绕组通常表现出明显的塑性变形特征。然而，现有的绕组强度研究往往忽略了弹塑性变形问题的实际研究方法，导致变压器绕组的强度设计仍然依赖于经验系数的选择，导致现有的设计方法适用于单次冲击工况下的研究工作，对于多次故障冲击工况下绕组的强度和稳定性的评估能力有限。

在实际运行中，变压器可能会经历故障冲击。在这些冲击下，绕组在交变电磁力的作用下，并不总是发生强度损坏。在大多数情况下，绕组的微小弹性变形在冲击载荷卸载后能够恢复原状。然而，在某些情况下，较大的冲击载荷卸载后，绕组可能会出现残余的塑性变形。这种残余形变通常首先出现在绕组的部分截面，此时绕组结构尚未达到几何非线性的临界点。如果单纯依赖现有的几何非线性强度分析方法，可能会过高估计绕组的承载能力。此外，在多次故障冲击工况下，随着绕组承受载荷的次数增加，残余形变会不断累积，当绕组的塑性形变达到一定程度时，其强度将发生损坏。

鉴于此，本书基于几何非线性与材料非线性理论，采用弹塑性大挠度分析方法，对变压器绕组变形的累积效应进行了深入研究。研究将问题分为加载和卸载两个阶段：首先，在变压器绕组受到短路力作用时，会产生弹塑性变形；其次，在冲击电磁力卸载后，绕组变形会发生回弹。在第2、3章的理论基础上，聚焦于变压器绕组承受较大冲击载荷的部分，推导出故障冲击工况下绕组弹塑性形变的计算模型。通过数值计算，给出跨度、横截面宽度及厚度等因素对绕组弹塑性形变的影响规律，为变压器绕组强度理论和累积效应研究提供理论基础。

4.2　绕组弹塑性变形机理

变压器在遭受故障冲击时，其内部结构会受到显著的力学作用。具体来说，内绕组会受到向内的压缩力作用，而外绕组则会受到向外的拉伸力作用。在这两种力的作用下，内绕组承受的辐向压缩力通常远大于外绕组的辐向张力。根据现有理论研究对变压器绕组短路强度的认识，我们可以了解到在故障冲击工况下，内绕组在圆周方向上的辐向压缩力并不是均匀分布的，特别是在绕组轴向高度的中部以及铁芯窗口内 0°位置附近的两个撑条之间的区域，绕组受到的辐向力最大，因此也最容易发生塑性变形。

当绕组经历了多次同类的故障冲击后，弹塑性变形会在绕组上形成累积效应，如图 4.1 所示。这种累积变形对于变压器的长期稳定性和可靠性具有严重影响。因此，本章聚焦于内绕组轴向高度中部、铁芯窗内 0°位置附近的两个撑条之间的区域，深入分析故障冲击工况下变压器内绕组受压发生弹塑性变形的机理。

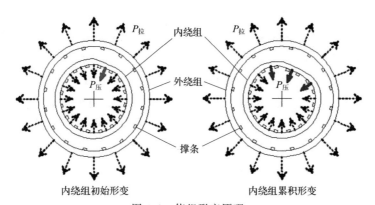

图 4.1　绕组形变原理

为了便于分析，图 4.2 展示了绕组受力变形的示意图。在这个模型中，我们假设两个撑条之间的绕组跨长为 l，横截面厚度为 b，横截面高度为 h。由于内绕组的半径远大于其跨长，我们可以将这两个撑条之间的绕组简化为一个直梁模型。在这种简化下，绕组受到的辐向力可以等效为作用在直梁上的均布载荷 P。通过这种模型化的方法，我们可以更加精确地计算和分析绕组在故障冲击下的弹塑性变形行为，从而为变压器的设计和运行提供更为科学的指导。

假设绕组 y 方向挠度为 w，向下为正，可得挠度和应变之间的关系为：

$$\varepsilon(y) = -\frac{\mathrm{d}^2 w}{\mathrm{d} x^2} y = ky \tag{4.1}$$

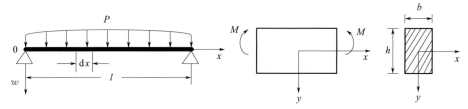

图 4.2 绕组受力

式中，k 为绕组挠度曲线的曲率，且 $k = -\dfrac{\mathrm{d}^2 w}{\mathrm{d}x^2}$。

曲率中心在绕组轴线上方时为正，横截面的弯矩可表示为：

$$M = 2b \int_0^{\frac{h}{2}} \sigma(y) y \, \mathrm{d}y \tag{4.2}$$

式中，M 为绕组的弯矩，N·m；σ 为作用在绕组上的应力，MPa。

弯矩 M 在 y 轴外层纤维受拉时为正，起始阶段，对于整个绕组截面来说是一个弹性状态，所以有：

$$\sigma(y) = E\varepsilon = Eky \tag{4.3}$$

式中，E 为绕组的弹性模量。

将式(4.3) 代入式(4.2)，可得：

$$M = EJk \tag{4.4}$$

式中，J 为绕组截面的惯性矩，可表示为 $J = bh^3/12$；M 和 k 是线性关系。

由式(4.4) 可知，随着弯矩的增加，最先到达屈服的是绕组最外层纤维，此时绕组的曲率 k_e 可表示为：

$$k_\mathrm{e} = \frac{2\sigma_\mathrm{s}}{Eh} \tag{4.5}$$

可推得：

$$\left| \sigma_{Y = \pm h/2} \right| = Ek_\mathrm{e} \frac{h}{2} = \sigma_\mathrm{s} \tag{4.6}$$

式中，当 k_e 取正值时，对应的弯矩为 M_e，称其为弹性极限弯矩。

联立式(4.4) 和式(4.5)，可推得弹性极限弯矩 M_e 的表示式为：

$$M_\mathrm{e} = EJk_\mathrm{e} = \frac{bh^2}{6} \sigma_\mathrm{s} \tag{4.7}$$

图 4.3 为绕组受压时横截面发生塑性变形扩展示意图，由图 4.3（c）可知，设绕组截面弹、塑性的交界为：

$$Y = \zeta \frac{h}{2}, 0 \leqslant |\zeta| \leqslant 1 \tag{4.8}$$

在该处，有 $|\sigma| = \sigma_\mathrm{s}$，于是绕组对应的曲率为：

$$|k| = \frac{2\sigma_\mathrm{s}}{Eh} \times \frac{1}{|\zeta|} = \frac{k_\mathrm{e}}{|\zeta|} \tag{4.9}$$

由上式可知，k 为 ζ 的函数，其符号与 M 相同，$k(\zeta)$ 对应的弯矩为：

$$|M(\zeta)| = 2b\left(\int_0^{\frac{\zeta h}{2}} -E|k|Y^2\mathrm{d}Y + \int_{\frac{\zeta h}{2}}^{\frac{h}{2}}\sigma_s Y\mathrm{d}Y\right) = \frac{M_e}{2}(3-\zeta^2) \tag{4.10}$$

当 $\zeta \to 0$ 时，这时有 $|k| \to \infty$，可推得：

$$M_s = 1.5M_e \tag{4.11}$$

式中，M_s 为塑性极限弯矩。

由分析可知，当 $M < M_e$ 时，绕组为线弹性变形阶段，绕组截面外缘最大应力小于屈服应力，应变小于屈服应变，作用在绕组上的短路力卸载后，弹性变形会完全消失，绕组完全恢复到初始状态；当 $M = M_e$ 时，绕组为弹性极限阶段，绕组截面外缘应力达到屈服极限，应变达到屈服应变，外力卸载后，弹性变形完全消失，绕组也完全恢复到初始状态；当 $M_e < M < M_s$ 时，绕组为弹塑性变形阶段，此阶段加载弯矩大于弹性极限弯矩，随着应变继续增大，应力值仍保持为 σ_s 不再增加，且随着弯矩的增大，塑性区由两侧逐渐向内部扩大，外力卸载时，绕组开始产生塑性变形；当 $M_s < M$ 时，绕组为完全塑性阶段，随着弯矩进一步增加，截面弹性区变为零，绕组截面全部进入塑性状态，整个截面的应力都达到了极限值。

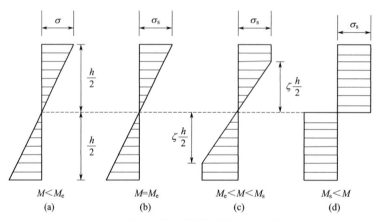

图 4.3　绕组受压时横截面发生塑性扩展

4.3　故障冲击绕组弹塑性变形

绕组材料的力学属性，特别是铜导线的弹塑性特性，对于变压器绕组在故障冲击下的变形行为具有决定性影响。在传统的分析中，通常假设在故障冲击工况下，绕组在载荷卸载后能够完全恢复到原始状态，这一假设基于材料的几何非线性，并且在建立弹性力学模型时，应力-应变关系遵循胡克定律，即材料在弹性范围内的线性响应。

然而，实际情况远比这一简化模型复杂。当绕组承受的冲击载荷超过其屈服极限时，即使载荷卸载，绕组也无法完全恢复到原始状态，而是会发生不可逆的塑性变形。这种塑性变形在多次故障冲击的情况下会逐渐累积，从而影响绕组的结构完整性和功能性能。因此，为了更准确地模拟和预测绕组在实际运行中的变形行为，需要建立一个考虑材料弹塑性特性的力学模型。

在这个弹塑性力学模型中，应力-应变曲线不再是线性的，而是呈现出明显的非线性特征，如图 4.4 所示。这种非线性特性反映了材料在超过屈服点后，应变对应力的响应不再遵循线性关系，而是进入塑性变形阶段，此时材料的变形能力显著增加，但同时也意味着结构可能发生不可恢复的变形。

通过建立这样的弹塑性力学模型，可以更全面地评估绕组在多次短路冲击下的累积变形效应，为变压器的设计、评估和维护提供更为精确的理论依据。这对于确保变压器的可靠性和安全性至关重要，特别是在面对极端工况时，如短路等突发电力事件。

为了准确计算绕组在故障冲击情况下的强度，本书基于弹塑性大挠度分析理论进行探讨。综合考虑绕组在短路冲击下的复杂力学行为，包括以下几种。

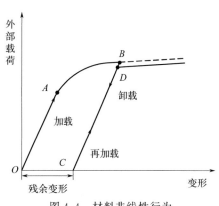

图 4.4 材料非线性行为

① 几何非线性：在变形过程中，绕组的几何形状会发生变化，这些变化会影响其受力和变形特性。例如，绕组的弯曲和扭转会导致载荷分布和支撑条件的变化，这些都需要在分析中加以考虑。

② 材料非线性：铜绕组作为典型的弹塑性材料，在受到超过屈服极限的载荷时，会发生塑性变形。这种变形是不可逆的，并且在多次加载卸载循环中会累积，导致材料的力学性能发生变化。

上述方法，能够在模型中准确地描述绕组在故障冲击下的弹塑性变形行为。这种方法的优势在于不仅能表征单次故障冲击下的响应，还能够预测在多次故障冲击下绕组强度的变化趋势。相当于用一种更为精确的工具来评估绕组在极端工况下的可靠性和安全性。

在进行变压器绕组单元的弹塑性大挠度分析时，对绕组单元的几何非线性研究构成了整个分析的基础。几何非线性涉及结构在受力后的变形对结构本身的受力和变形特性产生影响的情况。这种相互作用使得分析变得复杂，但同时也更为精确和接近实际物理现象。

为了有效地研究绕组单元的几何非线性，建立一个合适的刚度矩阵是至关重要的。刚度矩阵描述了结构单元在受力作用下的位移响应，是有限元分析中的核心组成部分。

在建立整体坐标系时，需要考虑以下因素。

① 坐标系的选择：通常选择一个能够最好地反映结构特性和受力状态的坐标系。对于绕组单元，可能需要考虑其在变压器中的实际位置和方向。

② 单元的边界条件：明确单元的固定端和自由端，以及可能的约束条件，这些都会直接影响到刚度矩阵的形式。

③ 材料特性：包括材料的弹性模量、泊松比以及屈服强度等，这些参数对于形成准确的刚度矩阵至关重要。

④ 几何参数：单元的尺寸、形状和其他几何特征都需要被准确描述，以便在刚度矩阵中正确反映。

⑤ 非线性因素：在考虑几何非线性时，需要将大挠度效应、材料的弹塑性行为以及其他可能的非线性因素纳入分析。

在图 4.5 中，我们设想建立一个单元刚度矩阵的整体坐标系，用于分析绕组单元在不同方向上的受力和变形情况。

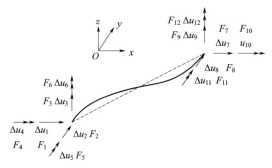

图 4.5　单元刚度矩阵坐标系

考虑单元的真实变形，绕组单元的起始节点分别为 a、b，单元的基本位移和力分别取为：

$$\boldsymbol{u}^e = (e \quad \theta_T \quad \theta_{ay} \quad \theta_{by} \quad \theta_{az} \quad \theta_{bz})^T \tag{4.12}$$

$$\boldsymbol{P}^e = (F \quad M_T \quad M_{ay} \quad M_{by} \quad M_{az} \quad M_{bz})^T \tag{4.13}$$

式中，e 为单元两端位移；θ_T 为单元两端相对扭转角位移。

单元上任意截面的轴向位移 u 和转角 θ 通过线性插值确定，单元的侧向位移 v 和 w 采用三次多项式插值确定，有下式：

$$\boldsymbol{u} = (u \quad \theta \quad v \quad w)^T = \boldsymbol{N}\boldsymbol{u}^e \tag{4.14}$$

式中，$\boldsymbol{u}$ 为绕组单元上任意截面的位移向量；$\boldsymbol{N}$ 为位移形函数，可表示为：

$$\boldsymbol{N} = \begin{pmatrix} N_1 & 0 & 0 & 0 & 0 & 0 \\ 0 & N_1 & 0 & 0 & 0 & 0 \\ 0 & 0 & 0 & 0 & N_2 & N_3 \\ 0 & 0 & -N_2 & -N_3 & 0 & 0 \end{pmatrix} \tag{4.15}$$

式中，

$$N_1 = \frac{x}{L}, N_2 = \frac{x^3}{L^2} - \frac{2x^2}{L} + x, N_3 = \frac{x^3}{L^2} - \frac{x^2}{L} \tag{4.16}$$

式中，L 为单元的初始长度。

只考虑截面上任意点的三个互相独立的应力和应变分量，如下式：

$$\boldsymbol{\sigma} = (\sigma_{xx} \quad \sigma_{xy} \quad \sigma_{xz})^{\mathrm{T}}, \boldsymbol{\varepsilon} = (\varepsilon_{xx} \quad \varepsilon_{xy} \quad \varepsilon_{xz})^{\mathrm{T}} \tag{4.17}$$

根据欧拉理论，绕组单元截面上任意点的应变为：

$$\boldsymbol{\varepsilon} = \begin{pmatrix} \varepsilon_{xx} \\ \varepsilon_{xy} \\ \varepsilon_{xz} \end{pmatrix} = \begin{pmatrix} u' - yv'' - zw'' \\ -z\theta' \\ y\theta' \end{pmatrix} = \boldsymbol{B}_{\mathrm{ep}} \boldsymbol{H} \boldsymbol{u}^e \tag{4.18}$$

式中，

$$\boldsymbol{B}_{\mathrm{ep}} = \begin{pmatrix} 1 & 0 & -y & -z \\ 0 & -z & 0 & 0 \\ 0 & y & 0 & 0 \end{pmatrix}, \boldsymbol{H} = \begin{pmatrix} N_1' & 0 & 0 & 0 & 0 & 0 \\ 0 & N_1' & 0 & 0 & 0 & 0 \\ 0 & 0 & 0 & 0 & N_2'' & N_3'' \\ 0 & 0 & -N_2'' & -N_3'' & 0 & 0 \end{pmatrix} \tag{4.19}$$

式（4.18）可表示为如下增量形式：

$$\delta\boldsymbol{\varepsilon} = \boldsymbol{B}_{\mathrm{ep}} \boldsymbol{H} \delta\boldsymbol{u}^e \tag{4.20}$$

根据虚功原理得：

$$\int_V \delta\boldsymbol{\varepsilon}^{\mathrm{T}} \boldsymbol{\sigma} \mathrm{d}V - (\delta\boldsymbol{u}^e)^{\mathrm{T}} \boldsymbol{Q}^e + F\delta u_{\mathrm{b}} = 0 \tag{4.21}$$

式中，$\boldsymbol{Q}^e$ 为作用在单元上的节点载荷；V 为单元的体积；$F\delta u_{\mathrm{b}}$ 为单元产生位移所做虚功。

u_{b} 由下式确定。

$$u_{\mathrm{b}} = \frac{1}{2}\int_0^L (v')^2 \mathrm{d}x + \int_0^L (w')^2 \mathrm{d}x = \frac{L}{30}\left[2\theta_{az}^2 - \theta_{az}\theta_{bz} + 2\theta_{bz}^2 + 2\theta_{ay}^2 - \theta_{ay}\theta_{by} + 2\theta_{by}^2\right] \tag{4.22}$$

联立式（4.20）、式（4.21）和式（4.22），并约去 $\delta\boldsymbol{u}^e$，可得：

$$\int_V \boldsymbol{H}^{\mathrm{T}} \boldsymbol{B}_{\mathrm{ep}}^{\mathrm{T}} \boldsymbol{\sigma} \mathrm{d}V + \boldsymbol{K}_{\mathrm{g}}^e \boldsymbol{u}^e = \boldsymbol{Q}^e \tag{4.23}$$

式中，$\boldsymbol{K}_{\mathrm{g}}^e$ 为几何单元刚度矩阵。

在迭代过程中，对式（4.23）进行线性化处理：

$$\int_V \boldsymbol{H}^{\mathrm{T}} \boldsymbol{B}_{\mathrm{ep}}^{\mathrm{T}} \Delta\boldsymbol{\sigma} \mathrm{d}V + \boldsymbol{K}_{\mathrm{g}}^e \Delta\boldsymbol{u}^e = \Delta\boldsymbol{Q}^e \tag{4.24}$$

应力应变增量关系为：

$$\Delta\boldsymbol{\sigma} = \boldsymbol{D}\Delta\boldsymbol{\varepsilon} \tag{4.25}$$

联立式（4.20）、式（4.24）和式（4.25），可推得：

$$\left(\int_V \boldsymbol{H}^{\mathrm{T}} \boldsymbol{B}_{\mathrm{ep}}^{\mathrm{T}} \boldsymbol{D} \boldsymbol{B}_{\mathrm{ep}} \boldsymbol{H} \mathrm{d}V + \boldsymbol{K}_{\mathrm{g}}^e\right) \Delta\boldsymbol{u}^e = \Delta\boldsymbol{Q}^e \tag{4.26}$$

最终，可求得：

$$\boldsymbol{K}^e \Delta\boldsymbol{u}^e = \Delta\boldsymbol{Q}^e \tag{4.27}$$

式中，$\boldsymbol{K}^e$ 为局部坐标系下单元切线刚度矩阵。

$$\boldsymbol{K}^e = \boldsymbol{K}_{\mathrm{e}}^e + \boldsymbol{K}_{\mathrm{g}}^e \tag{4.28}$$

式中，$\boldsymbol{K}_{\mathrm{e}}^e$ 为单元弹性刚度矩阵。

$$K_e^e = \int_V H^T B_{ep}^T D B_{ep} H \, \mathrm{d}V \tag{4.29}$$

在整体坐标系下，可推得：

$$K = R(AK^e A^T + C)R^T \tag{4.30}$$

式中，K 为在整体坐标系下单元的切线刚度矩阵；A 为转换矩阵；C 为考虑单元刚体位移以及单元节点共转性能的几何刚度矩阵；R 为局部坐标系到整体坐标系的转换矩阵。

式中参数的确定需要结合有限元计算。例如，通过对梁单元截面的轴向位移、扭转角的线性插值以及侧向位移的三次多项式插值，推导梁单元局部坐标下的切线刚度矩阵K^e，再结合考虑了刚体位移和节点共转性能的几何刚度矩阵 C，最终确定梁单元在整体坐标下的几何非线性切线刚度矩阵 K。

为了深入研究变压器绕组截面的塑性发展过程，本节采用了将绕组截面划分为多个小截面的方法。通过这种方式，我们可以更细致地观察和分析每个小截面上的应力状态和塑性变形的发展。为了简化计算，我们假设整个小截面上的应力状态可以用其中心点处的应力状态来近似表示。这种方法允许我们利用有限元理论来推导出应力-应变增量关系矩阵，并建立材料的加卸载判断准则。

在建立绕组截面小面积的弹塑性本构模型时，我们首先考虑小面积在弹性阶段的行为，此时应力-应变增量关系遵循胡克定律。当小面积进入塑性阶段，应力-应变增量关系则需要根据材料非线性增量有限元理论来确定。在这个过程中，我们对绕组材料做出以下假定。

① Von Mises 屈服准则：假设材料屈服遵循 Von Mises 准则，即屈服发生在当等效应力达到材料的屈服极限时。

② 相关联流动法则：塑性流动遵循相关联流动法则，意味着塑性应变增量的方向与屈服面上的法向量一致。

③ 各向同性和等向线性强化材料：材料的强化行为是各向同性的，且遵循等向线性强化规律，即屈服极限在塑性变形过程中保持恒定。

通过对这些假定的采用，我们可以更准确地描述材料在塑性变形过程中的行为，并通过增量迭代计算方法来求解每个小截面的应力和应变。在增量迭代计算中，我们需要详细分析材料可能经历的加载情况，以确保应力和应变的计算结果的准确性。通过这种方法，我们可以跟踪每个小截面从弹性到塑性的转变，并评估整个绕组截面的塑性变形历程。

由式(4.17)可知，若只考虑截面上任意点的三个互相独立的应力、应变分量以及其增量关系，当小面积处于弹性阶段时，D 取为弹性矩阵，应力-应变增量满足胡克定律，卸载过程的应力分布情况可表示为：

$$D = D_e = \begin{pmatrix} E & 0 & 0 \\ 0 & G & 0 \\ 0 & 0 & G \end{pmatrix} \tag{4.31}$$

式中，E 为弹性模量；G 为剪切模量。

当小面积进入塑性阶段后，绕组发生各向同性的等向线性强化，其应力满足 Von Mises 屈服准则，有：

$$\begin{cases} f(\sigma,\alpha) = \sqrt{2J_2} - \sqrt{\dfrac{2}{3}}\sigma_y(\alpha) \\ \sigma_y(\alpha) = \sigma_0 + E_p\alpha \\ J_2 = \dfrac{1}{3}\sigma_{xx}^2 + \tau_{xy}^2 + \tau_{xz}^2 \end{cases} \tag{4.32}$$

式中，J_2 为应力偏量张量第二不变量；σ_0 为初始屈服应力；E_p 为塑性模量；α 为有效塑性应变，其增量形式为：

$$\mathrm{d}\alpha = \sqrt{\frac{2}{3}\mathrm{d}\varepsilon_{ij}^p \mathrm{d}\varepsilon_{ij}^p} \tag{4.33}$$

根据材料非线性增量理论，单元达到屈服后应变增量可分为弹性和塑性两部分，即：

$$\mathrm{d}\varepsilon = \mathrm{d}\varepsilon^e + \mathrm{d}\varepsilon^p \tag{4.34}$$

式中，塑性增量部分 $\mathrm{d}\varepsilon^p$ 由塑性流动准则确定，其流动方向应与屈服面正交。

$$\mathrm{d}\varepsilon^p = \mathrm{d}\lambda \frac{\partial f}{\partial \sigma} \tag{4.35}$$

式中，$\mathrm{d}\lambda$ 为非负的标量比例系数；$\dfrac{\partial f}{\partial \sigma}$ 由下式表示：

$$\frac{\partial f}{\partial \sigma} = \frac{1}{\sqrt{2J_2}}\left(\frac{2}{3}\sigma_{xx} \quad 2\sigma_{xy} \quad 2\sigma_{xz}\right)^{\mathrm{T}} \tag{4.36}$$

弹性增量部分与应力增量仍满足胡克定律，代入式(4.34)，则有：

$$\mathrm{d}\varepsilon = \boldsymbol{D}_e^{-1}\mathrm{d}\sigma + \mathrm{d}\varepsilon^p \tag{4.37}$$

由一致性条件可知，在塑性变形过程中，小面积应力始终保持在屈服面上，则有：

$$\mathrm{d}f = 0 \tag{4.38}$$

将式(4.32)代入式(4.38)可得：

$$\mathrm{d}f = \left(\frac{\partial f}{\partial \sigma}\right)^{\mathrm{T}}\mathrm{d}\sigma + \frac{\partial f}{\partial \sigma_y}\frac{\partial \sigma_y}{\partial \alpha}\mathrm{d}\alpha = 0 \tag{4.39}$$

式中，

$$\mathrm{d}\lambda E_A = -\frac{\partial f}{\partial \sigma_y}\frac{\partial \sigma_y}{\partial \alpha}\mathrm{d}\alpha \tag{4.40}$$

式中，E_A 是反映材料强化的参数，由材料的单轴应力-应变关系确定。

在单轴应力状态下：

$$\frac{\partial f}{\partial \alpha} = \frac{\partial f}{\partial \sigma_y}\frac{\partial \sigma_y}{\partial \alpha} = \sqrt{\frac{2}{3}}E_p \tag{4.41}$$

同时，结合式(4.33)和式(4.35)，在单轴应力时，有：

$$d\alpha = \sqrt{\frac{2}{3}}\, d\lambda \tag{4.42}$$

将式(4.41)、式(4.42)代入式(4.40),可得:

$$E_A = -\frac{\partial f}{\partial \sigma_y}\frac{\partial \sigma_y}{\partial \alpha}d\alpha\,\frac{1}{d\lambda} = \frac{2}{3}E_p \tag{4.43}$$

将式(4.37)同时乘$\left(\dfrac{\partial f}{\partial \sigma}\right)^{\mathrm{T}}\boldsymbol{D}_e$,并利用式(4.39)可得:

$$\left(\frac{\partial f}{\partial \sigma}\right)^{\mathrm{T}}\boldsymbol{D}_e d\varepsilon = \frac{2}{3}d\lambda E_p + d\lambda\left(\frac{\partial f}{\partial \sigma}\right)^{\mathrm{T}}\boldsymbol{D}_e\frac{\partial f}{\partial \sigma} \tag{4.44}$$

可得:

$$d\lambda = \frac{\left(\dfrac{\partial f}{\partial \sigma}\right)^{\mathrm{T}}\boldsymbol{D}_e d\varepsilon}{\dfrac{2}{3}E_p + \left(\dfrac{\partial f}{\partial \sigma}\right)^{\mathrm{T}}\boldsymbol{D}_e\dfrac{\partial f}{\partial \sigma}} \tag{4.45}$$

将式(4.37)左边乘$\boldsymbol{D}_e$,可得:

$$d\sigma = \boldsymbol{D}_e d\varepsilon + \boldsymbol{D}_e d\varepsilon^p \tag{4.46}$$

将式(4.45)代入式(4.37),再代入(4.46),可得:

$$d\sigma = \left[\boldsymbol{D}_e - \frac{\boldsymbol{D}_e\dfrac{\partial f}{\partial \sigma}\left(\dfrac{\partial f}{\partial \sigma}\right)^{\mathrm{T}}\boldsymbol{D}_e}{\dfrac{2}{3}E_p + \left(\dfrac{\partial f}{\partial \sigma}\right)^{\mathrm{T}}\boldsymbol{D}_e\dfrac{\partial f}{\partial \sigma}}\right]d\varepsilon \tag{4.47}$$

将相关变量代入式(4.47),整理如下:

$$d\sigma = \boldsymbol{D}_{ep} d\varepsilon \tag{4.48}$$

式中,$\boldsymbol{D}_{ep}$即为弹塑性状态下小面积的应力-应变增量关系矩阵。

$$\boldsymbol{D}_{ep} = \boldsymbol{D}_e - \boldsymbol{D}_p \tag{4.49}$$

式中,$\boldsymbol{D}_p$为塑性状态下小面积的应力-应变增量关系矩阵。

$$\boldsymbol{D}_p = \frac{1}{\mu}\begin{pmatrix} E^2\sigma_{xx}^2 & 3EG\sigma_{xx}\tau_{xy} & 3EG\sigma_{xx}\tau_{xz} \\ 3EG\sigma_{xx}\tau_{xy} & 9G^2\tau_{xy}^2 & 9G^2\tau_{xy}\tau_{xz} \\ 3EG\sigma_{xx}\tau_{xz} & 9G^2\tau_{xy}\tau_{xz} & 9G^2\tau_{xz}^2 \end{pmatrix} \tag{4.50}$$

式中,

$$\mu = E\sigma_{xx}^2 + 9G^2(\tau_{xy}^2 + \tau_{xz}^2) + E_p(\sigma_{xx}^2 + 3\tau_{xy}^2 + 3\tau_{xz}^2) \tag{4.51}$$

在计算分析过程中,应根据小面积所处的不同的受力状态,采用不同的应力-应变关系矩阵,当小面积在弹性范围时,采用$\boldsymbol{D}_e$,进入塑性阶段后,采用$\boldsymbol{D}_{ep}$。

在故障冲击工况下,绕组截面会经历多次加卸载过程,在材料非线性分析过程中,需确定绕组小截面加卸载的判断准则。屈服函数在应力空间中以其描述的空间曲面区分绕组材料所处的状态。应力在屈服面内$f<0$时,表示材料处于弹性状态,如图4.6(a)中A点所示,对于处于屈服面上$f=0$的应力状态,如图4.6(b)中B点所示,给定应力增量$d\sigma$,等向强化材料会有三种不同反应,其强化材料加卸载判断

准则分别为：

  ① 出现新的塑性应变，满足 $\mathrm{d}f=0$，为塑性加载；

  ② 未出现新的塑性应变，回到屈服面内，满足 $\mathrm{d}f=0$，为弹性卸载；

  ③ 未出现新的塑性应变，仍处于屈服面上，满足 $\mathrm{d}f=0$，为中性变载。

在某一步迭代中的增量变量 $\Delta\varepsilon_i$ 可能使点 A、B 两点具有不同的应力发展路径：

  ① 只发生弹性加载，如 A 点→D 点或 A 点→B 点；

  ② 先弹性加载后塑性加载，如 A 点→B 点→C 点；

  ③ 只产生塑性加载，如 B 点→C 点；

  ④ 弹性卸载，如 B 点→A 点。

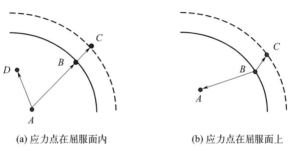

(a) 应力点在屈服面内　　　　　　(b) 应力点在屈服面上

图 4.6　加卸载的 4 种情况

根据式 (4.48)，可由应变增量 $\Delta\varepsilon_i$ 确定应力增量 $\Delta\sigma_i=\boldsymbol{D}_{\mathrm{ep}}^i\Delta\varepsilon_i$，然后得到新的应力 $\sigma_{i+1}=\sigma_i+\Delta\sigma_i$，并采用增量迭代法进行应力状态的更新，其流程为：

  ① 在当前迭代步中，计算位移增量 δu；

  ② 计算该增量步中的总位位增量 $\Delta u=\Delta u_0+\delta u$，$\Delta u_0$ 为前一迭代累积位移增量；

  ③ 由 Δu 计算该迭代步中的应变增量 $\Delta\varepsilon$；

  ④ 计算应力增量 $\Delta\sigma=\boldsymbol{D}_{\mathrm{ep}}\Delta\varepsilon$，更新应力 $\sigma=\sigma_0+\Delta\sigma$。

4.4　变压器绕组弹塑性变形计算

  在前文中，通过将绕组单元的弹塑性截面分割为多个小面积，我们能够对每个小面积的弹塑性性能进行详细分析。这种分割方法允许我们更精确地捕捉到截面在不同区域的应力和应变分布，进而推导出整个截面的截面刚度矩阵。截面刚度矩阵是描述截面在受力作用下的变形响应的关键参数，它包含了材料的弹性特性以及由于塑性变形引起的非线性效应。

  我们基于对绕组单元实际受力状态的合理分析，进一步发展前述方法。通过将弹塑性截面的截面刚度与弹性截面的截面刚度沿整个跨长进行 Gauss-Lobatto 积分，我们能够计算出绕组单元的弹塑性刚度矩阵。Gauss-Lobatto 积分是一种数值积分方法，它通过选取合适的积分点和权重，来近似计算定积分的值。在工程和科学计算中，这种方法特别适用于积分区间端点附近的函数值对积分结果影响较大的情况。

通过积分方法，综合考虑截面上各个小面积的弹塑性特性，从而得到一个更加全面和准确的绕组单元弹塑性刚度矩阵。这个刚度矩阵不仅包含了截面的局部弹塑性行为，还能够反映出整个截面在复杂载荷作用下的总体响应。

绕组单元弹性刚度矩阵可由式（4.29）表示，$\boldsymbol{B}$ 仅与截面坐标 y、z 相关，而 $\boldsymbol{H}$ 仅与长度坐标 x 有关，可推出下面表达式：

$$\boldsymbol{K} = \int_0^L \boldsymbol{H}^T \left(\int_A \boldsymbol{B}^T \boldsymbol{D} \boldsymbol{B} \, \mathrm{d}A \right) \boldsymbol{H} \, \mathrm{d}x = \int_0^L \boldsymbol{H}^T \boldsymbol{K}_s \boldsymbol{H} \, \mathrm{d}x \qquad (4.52)$$

式中，$\boldsymbol{K}_s$ 为绕组单元的截面刚度。

在考虑绕组单元材料非线性的情况下，式（4.54）无法得到显式的表达式，需借助于数值积分，上式可写成：

$$\boldsymbol{K} = \frac{L}{2} \sum_{i=1}^n \boldsymbol{H}(\xi_i)^T \boldsymbol{K}_s^i \boldsymbol{H}(\xi_i) W_i \qquad (4.53)$$

式中，n 为单元上的积分点数；ξ_i 为积分点值；W_i 为积分点的权重系数。

对于绕组弹性截面，截面刚度 $\boldsymbol{K}_s$ 的显示表达式为：

$$\boldsymbol{K}_s = \begin{bmatrix} EA & 0 & 0 & 0 \\ 0 & GJ & 0 & 0 \\ 0 & 0 & EI_z & 0 \\ 0 & 0 & 0 & EI_y \end{bmatrix} \qquad (4.54)$$

式中，A 为单元截面面积；J 为极惯性矩；I_z 为绕 z 轴的惯性矩；I_y 为绕 y 轴的惯性矩。

对于绕组塑性截面，$\boldsymbol{K}_s$ 可通过小截面数值积分确定，以小截面中心点的应力状态代表小截面的应力状态，其表达式为：

$$\boldsymbol{K}_s = \int_A \boldsymbol{B}^T \boldsymbol{D} \boldsymbol{B} \, \mathrm{d}A_x = \sum_j^m \boldsymbol{B}_j^T \boldsymbol{D}_j \boldsymbol{B}_j \Delta A_j \qquad (4.55)$$

式中，m 为小截面数；ΔA_j 为小截面的大小；$\boldsymbol{D}_j$ 为小面积中心点的应力-应变关系矩阵。

式（4.53）可写成：

$$\boldsymbol{K} = \frac{L}{2} \boldsymbol{H}(\xi_1)^T \boldsymbol{K}_s^1 \boldsymbol{H}(\xi_1) W_1 + \frac{L}{2} \boldsymbol{H}(\xi_n)^T \boldsymbol{K}_s^n \boldsymbol{H}(\xi_n) W_n + \frac{L}{2} \sum_{i=2}^{n-1} \boldsymbol{H}(\xi_i)^T \boldsymbol{K}_s^i \boldsymbol{H}(\xi_i) W_i$$

$$(4.56)$$

由式（4.56）确定的即为单元弹塑性刚度矩阵 $\boldsymbol{K}_{ep}^e$，用 $\boldsymbol{K}_{ep}^e$ 代替式（4.28）中的刚度矩阵 $\boldsymbol{K}_e^e$，即可得空间梁单元在考虑材料非线性条件下的切线刚度矩阵。

$$\boldsymbol{K}^e = \boldsymbol{K}_{ep}^e + \boldsymbol{K}_g^e \qquad (4.57)$$

根据 Euler-Bernoulli 梁理论，绕组单元截面的轴力 $F_x(x)$、扭力 $M_x(x)$、弯矩 $M_y(x)$ 和 $M_z(x)$ 可由截面应力积分得到：

$$\begin{cases} F_x(x) = \int_A \sigma_{xx}\, \mathrm{d}A \\ M_x(x) = \int_A (\sigma_{xz}y - \sigma_{xy}z)\, \mathrm{d}A \\ M_y(x) = \int_A \sigma_{xx}z\, \mathrm{d}A \\ M_z(x) = \int_A \sigma_{xx}y\, \mathrm{d}A \end{cases} \tag{4.58}$$

在绕组单元截面，借助离散化的小截面，截面应力由下式确定：

$$\begin{cases} F_{bx}(x) = \sum_j^m \sigma_{xx}^j \Delta A_j \\ M_{bx} = \sum_j^m (\sigma_{xz}^j y_j - \sigma_{xy}^j z_j) \Delta A_j \\ M_{by} = \sum_j^m \sigma_{xx}^j z_j \Delta A_j \\ M_{bz} = \sum_j^m \sigma_{xx}^j y_j \Delta A_j \end{cases} \tag{4.59}$$

通过式(4.57)和式(4.58)可分别得到绕组单元在考虑材料非线性条件下的切线刚度矩阵和绕组单元的轴力、扭力和弯矩。

在本书中，我们专注于变压器内绕组轴向高度中部、圆周方向窗内0°位置邻近两个撑条之间的区域，这是绕组在短路工况下最易发生塑性变形的部分。为了深入理解这一区域的弹塑性变形行为，我们设定了跨长 l、截面厚度 d 和截面高度 h 的参数范围，并采用弹塑性大挠度分析方法进行了详细的分析。

具体的参数范围如下。

跨长 l：$30\sim300\mathrm{mm}$。

截面厚度 d：$3\sim15\mathrm{mm}$。

截面高度 h：$2\mathrm{mm}$（固定）。

在这个参数范围内，我们对不同线规的绕组进行了弹塑性变形分析。特别是对于截面高度 h 为 2mm 的绕组，我们考察了在故障冲击工况下，不同跨长 l 和截面厚度 d 下的弹塑性变形。

分析结果汇总在表 4.1 中，该表列出了在给定参数范围内绕组的弹塑性变形计算结果。这些数据为我们提供了关于绕组在不同设计参数下的性能表现的重要信息，有助于我们理解在实际工况下绕组可能遇到的挑战。

此外，我们还绘制了两组关系曲线族，以直观展示弹塑性变形随参数变化的趋势。图 4.7 展示了在固定截面高度 h 为 2mm 时，不同跨长 l 下弹塑性变形随截面厚度 d 变化的关系曲线族。而图 4.8 则展示了在不同截面厚度 d 下，弹塑性变形随跨长 l 变化的关系曲线族。

通过曲线族，可以观察到弹塑性变形与绕组设计参数之间的相互作用和依赖关系。

表 4.1　绕组截面高度为 2mm 时在不同跨长与截面厚度下的位移计算结果

单位：mm

跨长 l	截面厚度 d						
	3	5	7	9	11	13	15
30	0.000	0.000	0.000	0.000	0.000	0.000	0.000
60	0.018	0.003	0.000	0.000	0.000	0.000	0.000
90	0.090	0.018	0.006	0.003	0.003	0.000	0.000
120	0.285	0.060	0.021	0.012	0.006	0.003	0.003
150	0.693	0.150	0.054	0.027	0.015	0.009	0.006
180	1.440	0.312	0.114	0.054	0.030	0.018	0.012
210	2.667	0.576	0.210	0.099	0.054	0.033	0.021
240	4.551	0.984	0.357	0.168	0.093	0.057	0.036
270	7.290	1.575	0.573	0.270	0.147	0.090	0.057
300	11.112	2.400	0.876	0.411	0.225	0.138	0.090

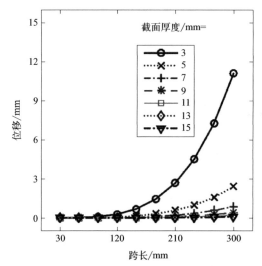

图 4.7　截面高度 2mm 时在不同跨长下位移随不同截面厚度变化的关系曲线族

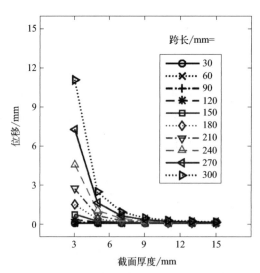

图 4.8　截面高度 2mm 时在不同截面厚度下位移随不同跨长变化的关系曲线族

通过对图 4.7 和图 4.8 的分析，我们可以得出以下结论。

图 4.7 分析结果：

① 当绕组截面高度固定为 2mm 时，在跨长 l 的 30～120mm 区间内，无论截面厚度 d 在 3～15mm 的哪个值，绕组的弹塑性变形都相对较小。这表明在这个跨长范围内，绕组的结构稳定性较好，能够承受短路冲击而不发生显著的塑性变形。

② 当绕组跨长 l 超过 120mm 后，对于截面厚度 d 在 9～15mm 的区间，弹塑性变形并不明显。这意味着在较大的跨长下，增加截面厚度对于提高绕组的抗变形能力有一定的帮助，但效果不是非常明显。

③ 然而，对于截面厚度 d 在 3～9mm 的区间，随着截面厚度的减小，弹塑性变形明显增加。这表明在较大的跨长下，绕组的截面厚度对于控制弹塑性变形至关重要，较薄的截面更容易发生较大的变形。

图 4.8 分析结果：

① 在截面高度 h 为 2mm 的情况下，随着跨长 l 的减小，弹塑性变形整体呈现递减趋势。这可能是因为较短的跨长有助于提高绕组的整体刚度，从而减少在短路冲击下的变形。

② 当取绕组跨长 l 为最大值 300mm，且截面厚度 d 为最小值 3mm 时，弹塑性变形达到最大值，可达到 11.112mm。这一结果强调了在设计变压器绕组时，需要特别注意跨长和截面厚度的选择，以避免过大的弹塑性变形，确保变压器的安全运行。

接下来，专注于研究变压器绕组在短路工况下的弹塑性变形，特别是当截面厚度 d 固定为 3mm 时，不同跨长 l 和截面高度 h 对弹塑性变形的影响。通过这种分析，可以更好地理解在极端工况下绕组的行为。表 4.2 提供了在截面厚度 d 为 3mm 时，绕组在不同跨长 l 和截面高度 h 下的弹塑性变形计算结果。这些结果可以帮助我们识别在特定设计参数下绕组可能遇到的变形问题，并为改进设计提供数据支持。图 4.9 展示了绕组在不同跨长 l 下，弹塑性变形随不同截面高度 h 变化的关系曲线族。通过这些曲线，我们可以观察到截面高度对于弹塑性变形的影响。这些曲线可能显示出随着截面高度的增加，弹塑性变形的变化趋势，从而帮助我们理解在不同截面高度下绕组的稳定性和抗变形能力。图 4.10 则展示了绕组在不同截面高度 h 下，弹塑性变形随不同跨长 l 变化的关系曲线族。这些曲线揭示了跨长对于弹塑性变形的影响，可能表明跨长的增加如何影响绕组的变形行为。通过分析这些曲线，我们可以评估在不同跨长设计下绕组的潜在风险，并为确定最佳跨长提供依据。

表 4.2　绕组截面厚度为 3mm 时在不同跨长与截面高度下的位移计算结果

单位：mm

跨长 l	截面高度 h				
	3	6	9	12	15
30	0.000	0.000	0.000	0.000	0.000
60	0.006	0.003	0.003	0.000	0.000
90	0.030	0.015	0.009	0.009	0.006

跨长 l	截面高度 h				
	3	6	9	12	15
120	0.096	0.048	0.033	0.024	0.018
150	0.231	0.117	0.078	0.057	0.045
180	0.480	0.240	0.159	0.120	0.096
210	0.888	0.444	0.297	0.222	0.177
240	1.518	0.759	0.507	0.378	0.303
270	2.430	1.215	0.810	0.609	0.486
300	3.705	1.851	1.236	0.927	0.741

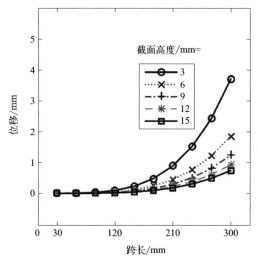

图 4.9　截面厚度 3mm 时在不同跨长下位移随不同截面高度变化的关系曲线族

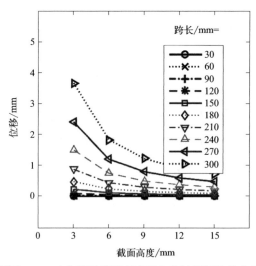

图 4.10　截面厚度 3mm 时在不同截面高度下位移随不同跨长变化的关系曲线族

根据图 4.9 的分析结果，我们可以得出以下结论：

① 当绕组截面厚度 d 固定为 3mm 时，在跨长 l 的 30～120mm 区间范围内，无论截面高度 h 为 3～15mm 的哪个值，绕组的弹塑性变形都不是很明显。这表明在这个特定的跨长范围内，绕组对于短路工况具有一定的耐受性，能够维持较好的结构稳定性。

② 然而，当跨长 l 增加到 210～300mm 区间内时，情况发生了变化。在这个跨长范围内，随着截面高度 h 的减小，弹塑性变形呈现出明显的递增趋势。这意味着在较大的跨长下，绕组的截面高度降低会导致其在短路冲击下的变形增加，从而可能影响变压器的性能和可靠性。

根据图 4.10 的分析结果，我们可以观察到以下趋势：

① 在绕组截面厚度 d 为 3mm 时，当截面高度保持不变，跨长 l 的增加会导致弹塑性变形量递增。这表明跨长对于绕组的弹塑性变形有显著影响，较长的跨长可能会导致较大的变形。

② 特别地，当跨长 l 为 300mm 且截面高度 h 为 3mm 时，绕组的弹塑性变形量达到 3.705mm。这个值提供了一个具体的量化指标，表明在这些特定条件下，绕组可能会经历显著的变形。

进一步地，表 4.3 提供了在跨长 l 为 300mm 时，不同截面厚度 d 和截面高度 h 下的绕组弹塑性变形计算结果。图 4.11 展示了在跨长 l 为 300mm 时，不同截面高度下弹塑性变形随截面厚度 d 变化的关系曲线族。这些曲线可以帮助我们识别在较长跨长下，不同截面厚度对于控制弹塑性变形的效果。图 4.12 展示了在跨长 l 为 300mm 时，不同截面厚度 d 下弹塑性变形随截面高度 h 变化的关系曲线族。这些曲线揭示了在较长跨长下，不同截面高度对于绕组弹塑性变形的影响。

表 4.3　绕组跨长为 300mm 时在不同截面厚度与高度下的位移计算结果

单位：mm

截面高度 h	截面厚度 d						
	3	5	7	9	11	13	15
3	3.705	0.801	0.291	0.138	0.075	0.045	0.030
6	1.851	0.399	0.147	0.069	0.039	0.024	0.015
9	1.236	0.267	0.096	0.045	0.024	0.015	0.009
12	0.927	0.201	0.072	0.033	0.018	0.012	0.006
15	0.741	0.159	0.057	0.027	0.015	0.009	0.006

根据图 4.11 和图 4.12 的分析结果，我们可以得出以下关于变压器绕组在特定跨长下的弹塑性变形的结论。

① 当绕组跨长 l 固定为 300mm 时，在截面高度 h 的 3～12mm 区间内，弹塑性变形随着截面厚度 d 的增加而减小。这表明在这一截面高度范围内，增加截面厚度可以有效降低绕组的弹塑性变形，从而提高其结构稳定性。

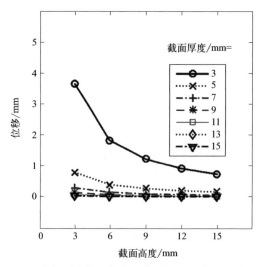

图 4.11 跨长 300mm 时在不同截面高度下位移随不同截面厚度变化的关系曲线族

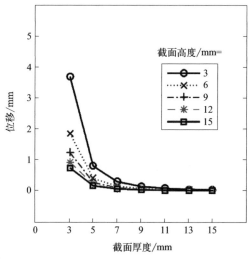

图 4.12 跨长为 300mm 时在不同截面厚度下绕组位移随不同截面高度的变化规律

② 然而，当截面高度 h 超过 12mm 时，无论截面厚度 d 为 3～15mm 的哪个值，弹塑性变形在整个截面厚度区间内的变化都不大。这可能意味着在较高的截面高度下，绕组的弹塑性变形受到其他因素的影响，或者已经达到了某种饱和状态。

③ 在截面厚度 d 的 3～9mm 区间内，随着截面高度 h 的增加，弹塑性变形减小。这表明在较薄的截面厚度下，增加截面高度有助于减少变形，提高绕组的稳定性。

④ 当截面厚度 d 超过 9mm 时，在截面高度 h 的 3～15mm 区间内，弹塑性变形在整个截面高度区间内变化不大。这可能意味着在较厚的截面厚度下，绕组的弹塑性变形对截面高度的变化不太敏感。

综上所述，本章基于几何非线性和材料非线性理论，采用了弹塑性大挠度分析方法，针对突发短路工况下变压器绕组的弹塑性变形问题进行了深入研究与分析。通过推导绕组单元的弹塑性切线刚度矩阵，并发展了适用于绕组弹塑性变形的有限元分析方法，本文对变压器绕组在短路冲击下的响应进行了全过程的载荷-位移曲线跟踪分析。研究聚焦于绕组中容易因受力而发生变形的薄弱点，考察了跨长 l、截面厚度 d 和截面高度 h 的不同组合对弹塑性变形的影响，得出了绕组弹塑性变形的分布规律。研究结果具有以下特点。

① 弹塑性变形不明显的区域：对于跨长 l 在 $30 \sim 120\text{mm}$，截面厚度 d 在 $9 \sim 15\text{mm}$，截面高度 h 在 $12 \sim 15\text{mm}$ 的绕组线规，在短路冲击载荷作用下，弹塑性变形不明显。这表明在这个参数范围内的绕组设计能够有效抵抗短路冲击，维持结构的完整性和稳定性。

② 弹塑性变形的趋势：研究表明，绕组的弹塑性变形随着跨长的增大而增大，而随着截面厚度和高度的增加而减小。这意味着在设计变压器绕组时，应尽量减小跨长，并增加截面厚度和高度，以降低弹塑性变形的风险。

③ 最大变形值：在特定条件下，即跨长 l 为 300mm、截面高度 h 为 2mm 和截面厚度 d 为 3mm 时，绕组的最大变形可达 11.112mm。这一结果为变压器绕组设计的安全性提供了一个参考值，指出了在极端工况下可能出现的最大变形情况。

参考文献

[1] 张博，李岩. 多次冲击条件下的大型变压器绕组辐向失稳 [J]. 电工技术学报，2017，32（S2）：71-76.

[2] ZHANG B，YAN N，MASH，et al. Buckling Strength Analysis of Transformer Windings Based on Electromagnetic Thermal Structural Coupling Method [J]. IEEE Transactions on Applied Superconductivity，2019，29（2）：1-4.

[3] 王欢. 大型变压器多次短路工况下的电磁特性与绕组累积效应研究 [D]. 沈阳：沈阳工业大学，2018.

第 5 章

电力变压器绕组稳定性分析

5.1　概述

变压器绕组稳定性是电力工程中的一个重要研究领域，它关系到变压器在极端工况下的安全运行。由于变压器绕组在不同载荷工况和支撑条件下表现出不同的稳定性能，因此对其稳定性进行全面深入的研究具有重要意义。

在理想状态下，辐向电磁力载荷沿圆周方向均匀分布，垂直作用于绕组，仅在绕组截面内产生压力作用，且压力沿圆周均匀分布。在这种情况下，绕组的稳定性能与轴心受压直杆构件的相似。然而，在其他载荷工况下，绕组截面上会同时产生压力和弯矩的作用，其辐向稳定性能与压弯构件的稳定性能类似。

传统的理论研究通常基于一些特定的假定，如忽略绕组屈曲前的变形和截面不可压缩性，从而获得理想载荷作用下变压器绕组辐向平衡分叉屈曲的解析解。虽然这些解析解是在特定条件下得到的，但它们为理解变压器绕组的稳定性提供了基础。

尽管实际的变压器绕组很少发生辐向平衡分叉屈曲，但对其全面研究有助于从宏观上定性了解这一复杂的稳定问题。通常，对于复杂的结构，首先进行平衡分叉屈曲分析，以把握结构的整体稳定性，然后逐步进行二阶弹性稳定分析和弹塑性稳定分析。计算分叉屈曲载荷（或临界轴力）的弹性屈曲系数是进行弹塑性稳定性分析及制定稳定设计曲线的关键参数。

因此，本章的研究首先关注在均匀电磁力载荷作用下变压器绕组的辐向平衡分叉屈曲，目的是得到考虑剪切变形影响的弹性屈曲系数，为后续研究变压器绕组的极限承载力提供必要的参数。其次，本章还将研究变压器绕组的辐向弹塑性稳定性能，目的是从宏观上全面把握更接近现实的变压器绕组辐向稳定性能，为变压器的设计和安全评估提供理论支持和指导。

5.2 绕组辐向屈曲机理

变压器绕组屈曲是一种重要的力学现象，它描述了绕组从初始理想状态过渡到变形状态的过程。这种现象直接反映了绕组的基本受力特性，对于理解和预测变压器在极端工况下的行为至关重要。

在数学上，弹性屈曲问题可以被解释为一个特征值问题。具体来说，它涉及求解齐次线性方程组的系数矩阵的特征值和特征向量。在这个背景下，屈曲载荷对应于特征值，而屈曲模态则对应于特征向量。这种分析方法被称为特征值屈曲分析，或简称为特征屈曲。

特征值屈曲分析通常基于一些理想化的假设，例如结构几何上的完善无缺陷、材料上的完全弹性，以及忽略屈曲前的变形。这些假设可能导致分析结果与实际情况存在偏差。例如，不考虑几何缺陷可能会导致结果偏高，而忽略屈曲后的性能可能会导致结果偏低。因此，特征值屈曲分析得到的结果不能直接用于估计绕组的实际极限载荷。

尽管如此，特征值屈曲分析在揭示变压器绕组的基本特性方面仍然具有重要价值。它能够帮助我们理解绕组最容易发生的失稳模态，为进一步的深入分析奠定了基础。此外，由于所有实际产品线匝都存在初始缺陷，通过实验方法获得准确的特征值屈曲载荷和屈曲模态是非常困难的。因此，理论分析成为了获取这些关键参数的唯一可行方法。

5.2.1 数学模型

经典屈曲理论是研究结构稳定性的基础理论，它特别适用于变压器绕组在均匀电磁力载荷作用下的辐向反对称弹性屈曲问题。这种屈曲是一种平衡分叉屈曲，即在载荷作用下，结构可能从一个平衡状态跳跃到另一个不同的平衡状态。

在无几何缺陷的变压器绕组受到均匀电磁力载荷的情况下，绕组的初始变形是对称的，如图5.1左侧的点线所示。随着载荷的逐渐增加，如果绕组的变形始终保持对称，那么其平衡路径将如图5.1右侧的直线a所示，沿着一个连续的路径增加。然而，当载荷超过某个特定的临界值，即分叉屈曲载荷 q_{cr} 时，绕组可能会发生对称性破缺，跳跃到一个反对称的变形状态，如图5.1左侧的虚线所示。在这种情况下，平衡路径将如图5.1右侧的直线b所示，呈现出一个突变。

直线a和b的交点代表了弹性分叉屈曲的临界状态，这是一个关键的转折点，标志着绕组从对称平衡状态过渡到反对称平衡状态的开始。在这一点上，绕组的稳定性发生了根本性的变化，即从稳定状态变为不稳定状态。

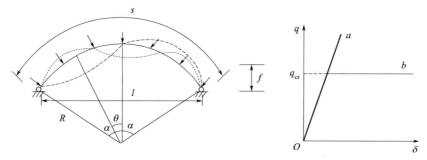

图 5.1　变压器内绕组辐向屈曲几何参数与荷载-位移曲线

在变压器绕组的稳定性分析中，建立合适的坐标系对于准确描述绕组的变形和受力状态至关重要。如图 5.2 所示，我们可以定义两种坐标系来分析绕组的行为。

① 空间固定不变的圆柱坐标系（r-θ-y）：这个坐标系的原点位于变压器绕组的中心。在这个坐标系中，r 代表从原点到绕组上某一点的径向距离，θ 代表该点在圆周平面上的角度位置，而 y 代表沿着绕组轴向的高度。这个坐标系固定不动，适用于描述绕组在空间中的绝对位置和整体变形。

② 绕组截面坐标系（x-y-z）：这个坐标系随着绕组截面的平移而移动，其原点位于截面的某个参考点。x 和 y 轴位于截面平面内，分别沿着截面的长度和宽度方向。z 轴垂直于截面平面，指向绕组轴向的增加方向。采用平截面假定意味着在分析过程中，我们假设绕组截面在变形过程中保持平面，且不发生扭曲或翘曲。

在这种坐标系下，分析限于位移和小应变的情况，即假设绕组的变形不会太大，不至于引起大的几何非线性效应，也不会导致材料的塑性变形。这种假设使得分析更加简化，适用于初步评估绕组的弹性稳定性和响应。

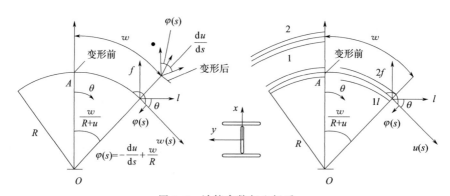

图 5.2　计算参数与坐标系

绕组截面的中面上任意点 P 沿 x、z 方向的位移 $\overline{u}$ 和 $\overline{w}$ 为：

$$\overline{u}=u \tag{5.1}$$

$$\overline{w}=\frac{r}{R}w-\frac{r}{R}u' \tag{5.2}$$

式中，u 为形心在 z 方向的位移；w 为形心沿 z 方向的位移。$(u)'=\partial u/\partial\theta$。在

径向位移 $\overline{w}$ 中，因为 Bernoulli 假定要求变形后的绕组截面与变形后的绕组保持垂直，因此出现了 r/R 这一比例因子，见图 5.2，绕组部分有以下 3 个独立的应变分量，由线性和非线性部分构成：

$$\varepsilon_z = \varepsilon_z^L + \varepsilon_z^N \tag{5.3}$$

$$\varepsilon_{zx} = \varepsilon_{zx}^L + \varepsilon_{zx}^N \tag{5.4}$$

$$\varepsilon_x = \varepsilon_x^L + \varepsilon_x^N \tag{5.5}$$

应变-位移关系为：

$$\varepsilon_x^L = \frac{\partial \overline{u}}{\partial x} \tag{5.6}$$

$$\varepsilon_z^L = \frac{\partial \overline{w}}{r \partial \phi} + \frac{\overline{u}}{r} \tag{5.7}$$

$$\varepsilon_{xz} = \frac{\partial \overline{u}}{r \partial \phi} - \frac{\overline{w}}{r} + \frac{\partial \overline{w}}{\partial x} \tag{5.8}$$

$$\eta_x = \frac{1}{2} \left[\left(\frac{\partial \overline{u}}{\partial x} \right)^2 + \left(\frac{\partial \overline{w}}{\partial x} \right)^2 \right] \tag{5.9}$$

$$\eta_z = \frac{1}{2} \left[\left(\frac{\partial \overline{u}}{r \partial \phi} - \frac{\overline{w}}{r} \right)^2 + \left(\frac{\partial \overline{w}}{r \partial \phi} + \frac{\overline{u}}{r} \right)^2 \right] \tag{5.10}$$

$$\eta_{zx} = \frac{\partial \overline{u}}{\partial x} \left(\frac{\partial \overline{u}}{r \partial \phi} - \frac{\overline{w}}{r} \right) + \frac{\partial \overline{w}}{\partial x} \left(\frac{\partial \overline{w}}{r \partial \phi} + \frac{\overline{u}}{r} \right) \tag{5.11}$$

将式(5.1)、式(5.2) 代入以上各项得到：

$$\varepsilon_z^L = \varepsilon_m - \frac{x}{r} k \tag{5.12}$$

$$\varepsilon_z^N = \frac{1}{2} \left[\beta^2 + \left(\varepsilon_m - \frac{x}{r} k \right)^2 \right] \tag{5.13}$$

$$\varepsilon_x^L = 0, \varepsilon_x^N = \frac{1}{2} \beta^2 \tag{5.14}$$

$$\varepsilon_{xz}^L = 0, \varepsilon_{zx}^N = -\beta \left(\varepsilon_m - \frac{x}{r} k \right) \tag{5.15}$$

其中：

$$\varepsilon_m = \frac{w' + u}{R} \tag{5.16}$$

$$k = \frac{u + u''}{R} \tag{5.17}$$

$$\beta = \frac{u' - w}{R} \qquad (5.18)$$

三者之间存在如下关系：

$$\varepsilon_m - k = -\beta' \qquad (5.19)$$

变压器绕组的辐向应力有 σ_z、τ_{zx} 和 σ_x，外力主要由 σ_z 抵抗。τ_{zx} 和 σ_x 是维持绕组平衡所需的。由于平截面假定，由应变只能得到纵向应力 σ_z，然后通过平衡条件求出 τ_{zx} 和 σ_x。

根据胡克定律，绕组截面上正应力 σ_z 为：

$$\sigma_z = E(\varepsilon_z^L + \varepsilon_z^N) = E\left\{\varepsilon_m - \frac{x}{r}k + \frac{1}{2}\left[\beta^2 + \left(\varepsilon_m - \frac{x}{r}k\right)^2\right]\right\} \qquad (5.20)$$

绕组截面的压力 N、弯矩 M 和剪力 Q_x 为：

$$N = \int_A \sigma_z \mathrm{d}A \qquad (5.21)$$

$$M = -\int_A \sigma_z x \mathrm{d}A \qquad (5.22)$$

$$Q_x = \int_A \tau'_{zx} x \mathrm{d}A \qquad (5.23)$$

压力以拉为正，弯矩以绕组的内侧受拉为正，剪力以正截面向 x 方向为正。

一般非线性问题的虚功方程为：

$$\int_V \sigma_{ij} \delta\varepsilon_{ij} \mathrm{d}V = \int_S F_i \delta u_i \mathrm{d}S \qquad (5.24)$$

对于拱，上式写成展开形式便是：

$$\int_V (\sigma_z \delta\varepsilon_z^L + \sigma_z \delta\varepsilon_z^N + \tau_{zx} \delta\varepsilon_{zx}^N + \sigma_x \delta\varepsilon_x^N)\mathrm{d}V = \int_S (q_z \delta w + q_x \delta u)\mathrm{d}S \qquad (5.25)$$

式中，$\mathrm{d}V = r\mathrm{d}A\mathrm{d}\theta$

$$\delta\varepsilon_z^L = \delta\varepsilon_m - \frac{x}{r}\delta k \qquad (5.26)$$

$$\delta\varepsilon_x^N = \beta\delta\beta \qquad (5.27)$$

$$\delta\varepsilon_z^N = \beta\delta\beta + \left(\varepsilon_m - \frac{x}{r}k\right)\left(\delta\varepsilon_m - \frac{x}{r}\delta k\right) \qquad (5.28)$$

$$\delta\varepsilon_{zx}^N = \delta\beta\left(\varepsilon_m - \frac{x}{r}k\right) - \beta\left(\delta\varepsilon_m - \frac{x}{r}\delta k\right) \qquad (5.29)$$

$$\delta\varepsilon_m = \frac{\delta w' + \delta u}{R} \qquad (5.30)$$

$$\delta k = \frac{\delta u + \delta u''}{R} \tag{5.31}$$

$$\delta \beta = \frac{\delta u' - \delta w}{R} \tag{5.32}$$

(1) 线性截面张应变部分虚功

$$\int_V \sigma_z \delta \varepsilon_z^L dV = \int_\theta \int_A \sigma_z \left(\delta \varepsilon_m - \frac{x}{r} \delta k \right) r\, dA\, d\theta = \int_\theta \left[(RN - M) \delta \varepsilon_m + M \delta k \right] d\theta \tag{5.33}$$

式中，

$$\int_A \sigma_z r\, dA = RN - M \tag{5.34}$$

(2) 非线性截面张应变部分虚功

$$\int_V \sigma_z \delta \varepsilon_z^N dV = \int_\theta \int_A \sigma_z \left[\beta \delta \beta + \left(\varepsilon_m - \frac{x}{r} k \right) \left(\delta \varepsilon_m - \frac{x}{r} \delta k \right) \right] r\, dA\, d\theta$$

$$= \int_\theta \left[(RN - M)\beta \delta \beta + (RN - M)\varepsilon_m \delta \varepsilon_m + Mk \varepsilon_m + Mk \delta k \right] d\theta \tag{5.35}$$

式中，

$$W = \int_A \sigma_z \frac{x^2}{r} dA \tag{5.36}$$

(3) 剪应力的非线性虚功

$$\int_V \tau_{zx} \delta \varepsilon_{zx}^N dV = \int_\theta \int_A \left(-\delta \beta \varepsilon_m - \beta \delta \varepsilon_m + \frac{x}{r} \beta \delta k + \frac{x}{r} k \beta \delta \right) r\, dA\, d\theta$$

$$= \int_\theta \left[(RQ_x + T)(-\delta \beta \varepsilon_m - \beta \delta \varepsilon_m) + T(\beta \delta k + k \beta \delta) \right] d\theta \tag{5.37}$$

式中，

$$\int_A \tau_{zx} r\, dA = RQ_x + T \tag{5.38}$$

$$T = \int_A \tau_{zx} x\, dA \tag{5.39}$$

(4) 横向应力 σ_x 的非线性虚功

$$\int_V \sigma_x \delta \varepsilon_x^N dV = \int_\theta \int_A \sigma_x \beta \delta \beta r\, dA\, d\theta = \int_\theta (M + T')\beta \delta \beta d\theta \tag{5.40}$$

式中，

$$\int_A \sigma_x r \, \mathrm{d}A = M + T'$$ (5.41)

于是就得到整个的虚功方程：

$$\int_\theta \left[(RN - M)\delta\varepsilon_m + M\delta k + (RN - M)\beta\delta\beta + (RN - M)\varepsilon_m\delta\varepsilon_m + Mk\varepsilon_m \right] \mathrm{d}\theta$$

$$+ \int_\theta \left[(M + T')\beta\delta\beta + Mk\delta k + (RQ_x + T)(-\delta\beta\varepsilon_m - \beta\delta\varepsilon_m) \right] \mathrm{d}\theta$$

$$+ \int_\theta T(\beta\delta k + k\beta\delta) \mathrm{d}\theta - \int_\theta (q_z\delta w + q_x\delta u) R \, \mathrm{d}\theta = 0$$ (5.42)

将上面的方程用式(5.30)～式(5.32)代入，并分部积分，利用 $\varepsilon_m - k = -\beta'$ 得到基本微分方程为：

$$-N' + \frac{M'}{R} - N\varepsilon'_m - \frac{M\beta''}{R} + (Q'_x - N)\beta + \left(Q_x - \frac{M'}{R} \right)\beta' + (Q'_x - N)\varepsilon_m - Rq_z = 0$$

(5.43)

辐向弯曲平衡为：

$$N + \frac{M''}{R} + N(\varepsilon_m - \beta') + \frac{M}{R}(\varepsilon''_m + K) + \left(\frac{2M'}{R} + Q_x \right)\varepsilon'_m + \left(\frac{M'}{R} + Q'_x \right)\varepsilon_m$$

$$- (Q'_x + N)\beta + \frac{W_k}{R} + \left(\frac{W_k}{R} \right)'' - Rq_x = 0$$ (5.44)

边界条件如表5.1所示。

表5.1　边界条件

位移变量	对应的广义力
$\delta\omega$	$\left(N - \dfrac{M}{R} \right)(1 + \varepsilon_m) + \dfrac{M_k}{R} - \left(Q_x + \dfrac{T}{R} \right)\beta$
$\delta\mu$	$N\beta - \dfrac{M'}{R} - \dfrac{M\varepsilon'_m}{R} - \dfrac{(W_k)'}{R} - \left(Q_x + \dfrac{M'}{R} \right)\varepsilon_m$
$\delta u'/R$	$N\beta - \dfrac{M'}{R} - \dfrac{M\varepsilon'_m}{R} - \dfrac{(W_k)'}{R} - \left(Q_x + \dfrac{M'}{R} \right)\varepsilon_m$ $+ M(1 + \varepsilon_m) + W_k + T\beta$

以上两式未进行任何简化，可用于变压器绕组的屈曲分析和非线性分析。式中并未出现 T，这是不同应力的非线性项部分相互抵消的结果。

绕组部分的内力平衡条件如图5.3所示，用内力表示的线性平衡方程为：

$$Q'_x - N + q_x R = 0$$ (5.45)

$$N' + Q_x + q_z R = 0 \tag{5.46}$$

$$M' + Q_x R = 0 \tag{5.47}$$

消去 Q_x 得到：

$$NR + M'' - q_x R^2 = 0 \tag{5.48}$$

$$N'R - M' + q_z R^2 = 0 \tag{5.49}$$

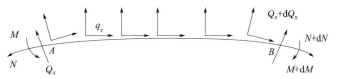

图 5.3　平衡条件

把式(5.19)代入式(5.21)～式(5.23)，并利用式(5.47)得到线性分析采用的内力和位移关系：

$$N = \frac{EA}{R}(w' + u) + \frac{EI}{R^3}(u'' + u) \tag{5.50}$$

$$M = \frac{EI}{R^2}(u'' + u) \tag{5.51}$$

$$Q_x = -\frac{EI}{R^3}(u''' + u') \tag{5.52}$$

$$W = \int_A \sigma_z \frac{x^2}{r} dA = \int_A E\left(\varepsilon_m - \frac{x}{r}k\right)\frac{(r-R)^2}{r} dA \approx \frac{EI}{R^2}(w' + u) \tag{5.53}$$

对式(5.43)和式(5.44)代表的平衡状态进行干扰，在临界状态下，干扰后的位置仍然满足这两式。干扰的量为：

$$u + \dot{u}, w + \dot{w}, k + \dot{k}, \varepsilon_m + \dot{\varepsilon}_m \tag{5.54}$$

$$N + \dot{N}, M + \dot{M}, Q_x + \dot{Q}_x, W + \dot{W} \tag{5.55}$$

$$q_x + \dot{q}_x, q_z + \dot{q}_z \tag{5.56}$$

判断稳定性时要求载荷不变，在这里载荷首先也给予增量。后面将说明载荷增量是如何产生的。

代入式(5.43)和式(5.44)，略去高阶项，并注意到干扰前处于平衡状态，得到如下判断稳定性的方程：

$$-\dot{N}' + \frac{\dot{M}'}{R} - N\dot{\varepsilon}'_m - \dot{N}\varepsilon'_m - \frac{M\dot{\beta}''}{R} - \frac{\dot{M}\beta''}{R} + (Q'_x - N)\dot{\beta} + (\dot{Q}'_x - \dot{N})\beta$$

$$+ \left(Q_x - \frac{M'}{R}\right)\dot{\beta}' + \left(Q_x - \frac{\dot{M}'}{R}\right)\beta' + (Q'_x - N)\dot{\varepsilon}_m + (\dot{Q}'_x - \dot{N})\varepsilon_m - R\dot{q}_z = 0 \tag{5.57}$$

$$\dot{N} + \frac{\dot{M}''}{R} + N(\dot{\varepsilon}_m - \dot{\beta}') + \dot{N}(\varepsilon_m - \beta') + \frac{M}{R}(\dot{\varepsilon}''_m + \dot{k}) + \frac{\dot{M}}{R}(\varepsilon''_m + K)$$

$$+ \left(\frac{2M'}{R} + Q_x\right)\dot{\varepsilon}'_m + \left(\frac{2\dot{M}'}{R} + \dot{Q}_x\right)\varepsilon'_m + \left(\frac{M''}{R} + Q'_x\right)\dot{\varepsilon}_m + \left(\frac{\dot{M}''}{R} + \dot{Q}'_x\right)\varepsilon_m$$

$$- (Q_x + N')\dot{\beta} - (\dot{Q}_x + \dot{N}')\beta + \frac{W_k + \dot{W}_k}{R} + \left(\frac{W_k + \dot{W}_k}{R}\right)'' - R\dot{q}_x = 0 \quad (5.58)$$

如果忽略屈曲前变形的影响，则有：

$$- \dot{N}' + \frac{\dot{M}'}{R} - N\dot{\varepsilon}'_m - \frac{M\dot{\beta}''}{R} + (Q'_x - N)\dot{\beta} + \left(Q_x - \frac{M'}{R}\right)\dot{\beta}' + (Q'_x - N)\dot{\varepsilon}_m - R\dot{q}_z = 0$$

$$(5.59)$$

$$\dot{N} + \frac{\dot{M}''}{R} + N(\dot{\varepsilon}_m - \dot{\beta}') + \frac{M}{R}(\dot{\varepsilon}''_m + \dot{k}) + \left(\frac{2M'}{R} + Q_x\right)\dot{\varepsilon}'_m + \left(\frac{M''}{R} + Q'_x\right)\dot{\varepsilon}_m$$

$$- (Q_x + N')\dot{\beta} + \frac{\dot{W}_k}{R} + \left(\frac{\dot{W}_k}{R}\right)'' - R\dot{q}_x = 0 \quad (5.60)$$

如果屈曲前的内力是采用线性分析方法求得的，则内力满足式（5.45）～式（5.47），此时式（5.59）和式（5.60）可以进一步简化为：

$$- \dot{N}' + \frac{\dot{M}'}{R} - N\dot{\varepsilon}'_m - \frac{M\dot{\beta}''}{R} + q_x R\dot{\beta} - \frac{2M'}{R}\dot{\beta}' + (Q_x - N')\dot{\varepsilon}_m - R\dot{q}_z = 0 \quad (5.61)$$

$$\dot{N} + \frac{\dot{M}''}{R} + N(\dot{\varepsilon}_m - \dot{\beta}') + \frac{M}{R}(\dot{\varepsilon}''_m + \dot{k}) + \frac{M'}{R}\dot{\varepsilon}'_m + q_z R\dot{\beta} + \frac{\dot{W}_k}{R} + \left(\frac{\dot{W}_k}{R}\right)'' - R\dot{q}_x = 0$$

$$(5.62)$$

作为线性计算的要求，内力增量表示为：

$$\dot{N} = \frac{EA}{R}(\dot{w}' + \dot{u}) + \frac{EI}{R^3}(\dot{u}'' + \dot{u}), M = \frac{EI}{R^2}(\dot{u}'' + \dot{u}) \quad (5.63)$$

$$Q_x = -\frac{EI}{R^3}(\dot{u}''' + \dot{u}'), W = \frac{EI}{R^2}(\dot{w}' + \dot{u}) \quad (5.64)$$

$$\varepsilon_m = \frac{\dot{w}' + \dot{u}}{R}, \dot{k} = \frac{\dot{u}'' + \dot{u}}{R}, \dot{\beta} = \frac{\dot{u}' - \dot{w}}{R}, \dot{\varepsilon}_m - \dot{k} = -\dot{\beta}' \quad (5.65)$$

将以上各式代入式（5.61）和式（5.62）得到：

$$- \frac{EA}{R}(\dot{w}'' + \dot{u}') - N\frac{(\dot{w}'' + \dot{u}')}{R} - \frac{M}{R^2}(\dot{u}''' - \dot{w}'') - q_x(\dot{u}' - \dot{w})$$

$$- \frac{2M'}{R^2}(\dot{u}'' - \dot{w}') + (Q_x - N')\frac{\dot{w}' + \dot{u}}{R} - R\dot{q}_x = 0 \quad (5.66)$$

$$\frac{EA}{R}(\dot{w}'+\dot{u})+\frac{EI}{R^3}(\dot{u}^{(4)}+2\dot{u}''+\dot{u})+\frac{N}{R}(2\dot{w}'+\dot{u}-\dot{u}'')$$

$$+\frac{M}{R^2}(\dot{w}''+\dot{u}')+q_x(\dot{u}'-\dot{w})+\frac{W}{R^2}(\dot{u}''+\dot{u})+\left[\frac{W}{R^2}(\dot{u}''+\dot{u})\right]''-R\dot{q}_x=0 \quad (5.67)$$

上式是内力采用线性分析，忽略屈曲前变形影响，但是考虑各种内力的判断绕组稳定性方程。

如忽略屈曲前位移的影响，且认为绕组内只有截面压力 $N=q_x R$，其他内力为0，方程式(5.66)和式(5.67)变为：

$$EA(\dot{w}''+\dot{u}')+q_x R(\dot{w}''-\dot{w}+2\dot{u}')+R^2\dot{q}_x=0 \quad (5.68)$$

$$EA(\dot{w}'+\dot{u})+\frac{EI}{R^2}(\dot{u}^{(4)}+2\dot{u}''+\dot{u})+Rq_x(2\dot{w}'+\dot{u}-\dot{u}'')-R^2\dot{q}_x=0 \quad (5.69)$$

若再采用绕组屈曲时绕组不可伸长假定，即：

$$\dot{w}'+\dot{u}=0 \quad (5.70)$$

在永远垂直于屈曲后绕组表面的电磁力载荷下，式(5.69)简化为：

$$\frac{EI}{R^2}(\dot{u}^{(4)}+2\dot{u}''+\dot{u})-Rq_x(\dot{u}''+\dot{u})=0 \quad (5.71)$$

当绕组发生反对称屈曲时取 $\dot{u}=\alpha\sin\frac{\pi\theta}{\alpha}$ 可得临界载荷：

$$q_{cr}=-\frac{EI}{R^3}\left(\frac{\pi^2}{\alpha^2}-1\right) \quad (5.72)$$

亦可变化成：

$$N_{cr2}=q_{cr2}R=\left(1-\frac{\pi^2}{\alpha^2}\right)\frac{\pi^2 EI}{(S/2)^2}=k_{ac2}\frac{\pi^2 EI}{(S/2)^2} \quad (5.73)$$

式中，

$$k_{ac2}=1-\frac{\pi^2}{\alpha^2} \quad (5.74)$$

当绕组发生对称屈曲时，临界载荷为：

$$q_{cr1}=\frac{\pi^2}{\alpha^2}\times\frac{EI}{R^3} \quad (5.75)$$

亦可变化成：

$$N_{cr1}=q_{cr1}R=\frac{\pi^2 EI}{(S/2)^2}=k_{ac1}\frac{\pi^2 EI}{(S/2)^2} \quad (5.76)$$

式中，

$$k_{ac1} = 1 \qquad\qquad (5.77)$$

则变压器绕组失稳的临界截面压力可以表示为：

$$N_{cr} = K \frac{\pi^2 E I_z}{S^2} \qquad\qquad (5.78)$$

式中，N_{cr} 为绕组截面的临界压力；K 为与 N_{cr} 相应的弹性屈曲系数，与失稳工况和变压器辐向的支撑条件有关；E 为弹性模量；S 为变压器绕组周长；I_z 为绕组截面的惯性矩，$I_z = \frac{t^3 h}{12}$，t 为绕组辐向有效厚度，h 为绕组轴向有效高度。几何参数和坐标系如图 5.4 所示。

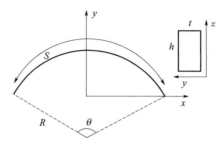

图 5.4　理想载荷作用下变压器内绕组失稳临界载荷计算参数

对于理想载荷作用下的变压器绕组，其屈曲载荷与绕组截面压力的关系为：

$$q_{cr} = \frac{N_{cr}}{R} = K \frac{\pi^2 E I_z}{R S^2} = K \frac{\pi^2 EA}{R \lambda^2} \qquad\qquad (5.79)$$

式中，q_{cr} 为外加电磁力载荷，N/m；N_{cr} 为绕组截面压力，N；A 为绕组有效截面积；λ 为绕组的有效长细比，有 $\lambda = \dfrac{S}{\sqrt{I/A}}$。由式（5.78）和式（5.79）知，弹性屈曲系数 K 直接反映了不同支撑条件变压器绕组临界截面压力及临界载荷的大小，而临界载荷是关于有效长细比的函数。

5.2.2　屈曲性能

以绕组支撑结构跨度对应圆心角 θ 和绕组的有效长细比 λ（以下简称长细比）为变量进行讨论。

变压器绕组平衡分叉屈曲时，一阶失稳模态为图 5.5 所示反对称的失稳模态。

通过对变压器绕组在理想载荷下的辐向平衡分叉屈曲进行计算，探讨了跨度和长细比 λ 对临界截面压力的影响。利用特定的计算公式［式(5.78)］，可以得到变压器绕组的弹性屈曲系数的数值解，这些结果汇总在表 5.2 中。为了进行对比分析，表中还提供了根据国际大电网会议（CIGRE）209 论文推荐的解析方法得到的弹性屈曲系数值，这些值也被 IEC 标准 IEC 60076-5：2006 和国家标准 GB 1094.5—2008 采用。

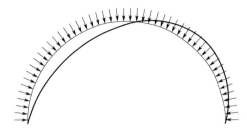

图 5.5　变压器内绕组平衡分叉屈曲一阶失稳模态

通过分析表 5.2 和图 5.6 的数据，我们可以观察到以下趋势和特点。

① 屈曲系数与跨度的关系：解析方法得到的屈曲系数仅与跨度有关，且在 $\theta=45°\sim180°$ 的范围内变化不大。这表明在这一跨度范围内，解析方法提供了一个相对稳定的屈曲系数估计。

② 屈曲系数与长细比的关系：有限元法得到的屈曲系数不仅与跨度有关，还与长细比 λ 有关。对于给定的跨度，屈曲系数随着长细比的增大而增大，并最终趋于解析解。

③ 长细比的影响：当长细比 λ 大于 50 时，屈曲系数可以视为与长细比无关的常量。这表明在长细比较大线匝中，屈曲系数主要受跨度的影响，而与长细比关系不大。

④ 剪切变形的影响：有限元模型采用的 Timoshenko 梁单元考虑了剪切变形的不利影响。剪切变形对长细比较小的短粗线匝有较大的不利影响，而随着长细比的增大，这种影响迅速降低。

⑤ 解析解与数值解的误差：对于长细比 $\lambda=20\sim40$ 的短粗线匝，解析解与数值解之间的最大误差达到 26%，而对于 $\lambda>100$ 的线匝，剪切变形的影响几乎可以忽略，数值解与解析解之间吻合良好。这表明解析解具有一定的局限性，适用于长细比较大的线匝，而有限元法得到的数值解更为精确。

表 5.2　理想载荷作用下变压器内绕组辐向弹性屈曲系数

λ	θ								
	45°	69°	87°	106°	124°	140°	155°	168°	180°
20	0.855	0.839	0.816	0.791	0.764	0.734	0.705	0.675	0.645
30	0.923	0.905	0.882	0.855	0.826	0.794	0.763	0.731	0.700
40	0.949	0.931	0.908	0.880	0.850	0.817	0.785	0.754	0.721
50	0.961	0.944	0.920	0.891	0.861	0.830	0.796	0.764	0.732
60	0.969	0.950	0.927	0.899	0.868	0.836	0.802	0.770	0.737
70	0.974	0.955	0.931	0.903	0.871	0.839	0.806	0.774	0.741
80	0.976	0.957	0.934	0.906	0.874	0.842	0.808	0.776	0.743
90	0.978	0.959	0.935	0.907	0.876	0.844	0.810	0.777	0.745

λ	θ								
	45°	69°	87°	106°	124°	140°	155°	168°	180°
100	0.980	0.961	0.937	0.909	0.877	0.845	0.811	0.779	0.746
150	0.983	0.965	0.940	0.912	0.880	0.848	0.814	0.781	0.748
200	0.984	0.966	0.941	0.913	0.881	0.849	0.815	0.782	0.749
*[1]	0.984	0.966	0.941	0.913	0.881	0.849	0.816	0.783	0.750

① 根据国际大电网会议（CIGRE）209 论文推荐的解析方法得到的弹性屈曲系数值。

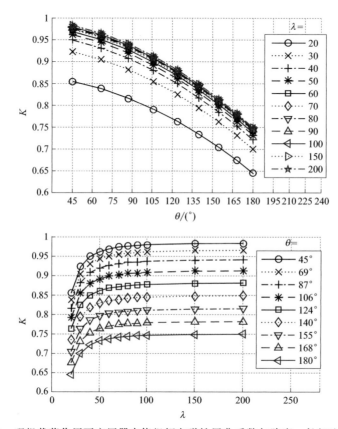

图 5.6　理想载荷作用下变压器内绕组辐向弹性屈曲系数与跨度、长细比的关系

图 5.7 展示了理想载荷下变压器绕组的屈曲载荷与跨度之间的关系。从图中可以观察到两个重要的趋势。

① 弹性屈曲系数与跨度的关系：弹性屈曲系数是指在给定的载荷下，结构从稳定的平衡状态过渡到不稳定状态的临界载荷。对于变压器绕组而言，弹性屈曲系数随着跨度的增大而降低。这意味着随着绕组跨度的增加，其抵抗屈曲的能力下降，更容易发生屈曲失稳。这可能是因为较长的跨度导致了绕组整体刚度的降低，所以在相同的载荷作用下形变更容易发生。

② 屈曲载荷与跨度的关系：屈曲载荷是指导致绕组发生屈曲的载荷值。图中显

示，屈曲载荷随着跨度的增大而增大。这表明在较长跨度的绕组上，需要更大的载荷才能引起屈曲。这可能是因为较长的跨度意味着更大的变形空间，因此在达到屈曲之前需要更多的载荷来积累足够的变形能量。

这两个趋势反映了变压器绕组设计中的一个关键考量：在设计过程中，需要平衡绕组的跨度和刚度，以确保其在工作载荷下具有良好的稳定性。较长的跨度可能会降低绕组的稳定性，因此在设计时需要采取措施来增加绕组的刚度，例如通过增加支撑结构或优化材料使用，以提高其抵抗屈曲的能力。

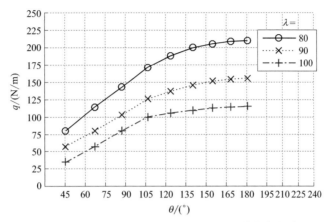

图 5.7　理想载荷作用下变压器内绕组辐向弹性屈曲载荷与跨度的关系

5.3　绕组失稳破坏机理

机理探讨的重点在于深入理解变压器绕组在辐向失稳过程中的稳定性能，以及其破坏过程，基于此，可以更好地理解变压器绕组在实际工作条件下的行为，为变压器的设计和安全评估提供理论依据。

如前所述，平衡分叉屈曲分析为我们提供了变压器绕组在理想条件下的失稳模态，这些模态基于小变形假定和平衡微分方程的特征值问题。然而，这种分析无法跟踪荷载-位移历程，也无法描述失稳过程中内力在绕组各截面的变化，因此它不能给出任意载荷作用下绕组的辐向弹性稳定性解答。

变压器绕组辐向失稳的破坏机理涉及两个主要内容：荷载-位移历程的发展及平衡路径的跟踪，以及内力随荷载-位移历程在绕组内的变化。内力和变形之间的相互作用构成了失稳破坏机理的核心。

为了克服平衡分叉屈曲分析的局限性，本节将采用考虑几何非线性影响的二阶弹性稳定性分析，以及同时考虑几何非线性和材料非线性的弹塑性稳定分析。这两种分析方法都能够跟踪变压器绕组的荷载-位移过程，并描述内力在整个变形历程中沿绕组各截面的变化。

二阶弹性稳定分析虽然考虑了内力与变形耦合的几何非线性效应，但它不考虑材料的非线性。这种分析能够在一定程度上接近实际情况，但在实际中，由于受残余应力和材料强度极限的影响，变压器绕组的辐向失稳往往表现为辐向弹塑性稳定破坏。

因此，有必要对平衡分叉屈曲、二阶弹性稳定和弹塑性稳定分析的结论进行比较，以揭示它们之间的差异和各自的适用性。

为了深入理解理想载荷下变压器绕组的失稳破坏机理，以跨度 $\theta = 106°$、长细比 $\lambda = 80$ 的线匣为例，采用三种不同的分析方法对其荷载-位移路径进行了跟踪计算。这三种方法包括一阶线弹性分析、平衡分叉屈曲分析以及考虑几何非线性和材料非线性的弹塑性稳定分析。通过这些分析，我们得到了图 5.8 中的五条曲线，它们代表了不同分析方法下的荷载-位移关系。

① 一阶线弹性荷载-位移路径：在这种分析中，不考虑变形对内力的影响，即假设材料始终保持弹性，载荷可以随着位移的增加而持续增大，绕组发生对称变形。

② 平衡分叉屈曲分析：在这种分析中，考虑了变形对内力的影响，但假设材料始终保持弹性。当外载荷达到屈曲载荷时，绕组的变形只能无限增大，此时可能出现对称变形和反对称变形两种分叉屈曲。

③ 二阶弹性稳定性分析：在这种分析中，考虑了内力与变形耦合的几何非线性效应。绕组最初沿着一阶线弹性的荷载-位移路径发展，随着变形的增加，内力与变形的耦合效应导致绕组刚度下降，平衡路径开始偏离一阶线弹性平衡路径。

④ 弹塑性稳定分析：在这种分析中，考虑了材料的非线性，即材料在达到屈服点后进入塑性变形阶段。在有限的干扰或存在反对称几何缺陷的情况下，绕组的平衡路径将过早发生偏离，沿着反对称辐向弹性失稳的平衡路径发展直至破坏。

实际中的线匣总是存在力学缺陷、几何缺陷及有限的扰动，这些因素会导致绕组沿着反对称变形的辐向弹塑性失稳路径发展直至破坏。大多数情况下，绕组的极限载荷低于二阶弹性失稳的极限载荷，因为实际材料在达到屈服点后会进入弹塑性变形阶段，其承载能力会有所下降。

图 5.8 展示了变压器绕组在理想载荷作用下的辐向稳定荷载-位移历程，这一曲线揭示了外载荷与变形之间的关系，并在一定程度上反映了绕组辐向稳定的破坏机理。为了更深入地理解这一破坏过程，特别是内力如何随着变形历程变化，以及内力与变形耦合效应对绕组稳定性的影响，我们需要详细分析曲线在不同阶段的内力分布和变形情况。

在绕组开始偏离一阶线弹性路径之前，其变形模式如图 5.9(a) 所示，线匣经历了均匀的辐向压缩和截面压缩，此时仅有截面压力作用，没有弯矩的影响。随着变形的增加，截面压力与变形的耦合作用开始导致弯曲变形和弯矩的增长。绕组的弯曲变形进一步增大，使得截面压力分布变得不均匀。这种变形与内力的相互作用最终导致二阶弹性稳定破坏，绕组产生显著的对称弯曲变形，如图 5.9(b) 所示，以及较大的弯矩，如图 5.10 所示。

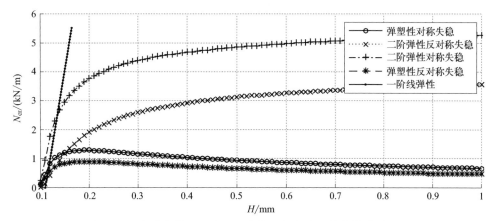

图 5.8　理想载荷作用下变压器内绕组辐向稳定的荷载-位移历程

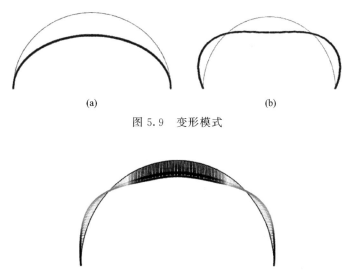

(a)　　　　　　　　　　　(b)

图 5.9　变形模式

图 5.10　弯矩分布模式

在理想载荷下，变压器绕组达到弹性极限状态时，经历了显著的弹性变形。由于内力与变形的二阶效应影响，绕组最终在截面压力和弯矩的联合作用下发生了辐向稳定破坏。这一过程中，二阶效应，即大变形引起的内力变化，对绕组的稳定性起到了决定性作用。

在实际应用中，变压器绕组在受到材料强度极限的限制和存在力学缺陷的情况下，其在理想载荷下的辐向稳定性能会受到显著影响。在这种情况下，绕组可能会经历一个非常短暂的弹塑性变形阶段，随后迅速达到弹塑性极限状态并发生辐向的弹塑性稳定破坏。在这一过程中，线匝上产生的弯矩相对较小，几何非线性效应也不是非常明显。这意味着尽管存在材料的非线性行为，但由于变形阶段较短，几何非线性对整体稳定性的影响有限。

在这种情况下，绕组的变形发展过程和内力随着荷载-位移历程的变化，与对称的二阶弹性失稳过程相似。然而，由于材料强度的限制和可能存在的力学缺陷，绕组的实际响应可能会在较短的时间内从弹性响应过渡到弹塑性响应，并最终导致稳定破坏。

图 5.11 展示了理想载荷下变压器绕组反对称变形的二阶弹性失稳和弹塑性失稳平衡路径曲线上分段点的内力分布和变形模式。

(a)   (b)

图 5.11 变形模式与弯矩分布模式

变压器绕组的稳定性分析揭示了在其达到偏离线弹性平衡路径的分叉点之前，其变形模式主要是由均匀的辐向压缩和截面压缩组成，如图 5.9(a) 所示。在这种情况下，线匝截面内仅承受压力，没有弯矩作用。然而，当绕组存在反对称的几何缺陷或受到有限干扰时，其稳定性会受到影响，导致分叉的发生。

在分叉点之后，绕组的变形模式转变为反对称的弯曲，如图 5.11(a) 所示。这种变形模式的转变伴随着压力分布的重分布，由原来的均匀分布变为不均匀分布。同时，由于弯曲变形的产生，线匝截面内开始产生显著的弯矩，如图 5.11(b) 所示。随着变形的进一步发展，截面压力和变形之间的耦合作用导致的几何非线性效应逐渐增强，直至绕组达到弹性极限状态，并发生反对称的辐向二阶弹性稳定破坏。最终的破坏是由截面压力和弯矩的联合作用导致的。

实际变压器绕组由于受到力学缺陷和几何缺陷的影响，通常在经历较短的荷载-位移历程后就会达到承载能力的极限状态，并发生反对称的辐向弹塑性失稳。这一过程中，材料的非线性行为，如屈服和弹塑性变形，开始发挥作用，进一步影响绕组的稳定性和破坏模式。

5.4 绕组辐向弹塑性稳定性

在第 5.3 节中，研究的重点是变压器绕组在辐向稳定性能方面的弹塑性失稳破坏机理。本节通过考察对称和反对称的几何缺陷模式，分析了这些缺陷对理想载荷下变压器绕组辐向弹塑性极限承载能力的影响，并与平衡分叉屈曲性能、二阶弹性稳定性能进行了对比。

在理想载荷下，变压器绕组的辐向一阶失稳模态为反对称的失稳模态。通过选取不同的长细比 λ（例如 $\lambda = 60$ 和 $\lambda = 80$），可以观察到不同分析方法得到的极限载荷与跨度 θ 的关系。图 5.12 展示了在均匀载荷条件下，变压器绕组辐向的极限载荷随跨度的增大而增大的趋势。此外，分叉屈曲载荷和二阶弹性分析得到的极限载荷都高于弹塑性分析得到的极限载荷。

特别地，当跨度 θ 大于 124°后，发生反对称失稳时，二阶弹性分析得到的极限载荷高于分叉屈曲载荷。这一现象的原因在于，在弹性范围内，绕组的变形发展要远远大于弹塑性稳定状态下的变形。对于实际的变压器绕组而言，弹塑性稳定承载力不可能高于平衡分叉屈曲载荷。在这种情况下，二阶弹性稳定分析得到的极限载荷并不具有实际意义，因为它没有考虑到材料的非线性行为，即材料在达到屈服点后的弹塑性变形。

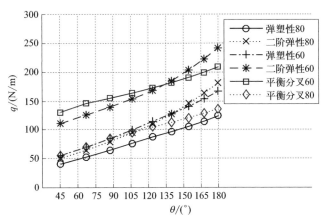

图 5.12　理想载荷作用下变压器内绕组辐向失稳极限载荷与跨度的关系

在研究变压器绕组的位移变化情况时，特别关注的是弹塑性失衡状态下跨度对绕组位移的影响。将取长细比 $\lambda = 120$ 的变压器绕组作为研究对象，我们可以从图 5.13 中观察到跨中竖向相对位移与载荷之间的关系。

在图 5.13 中，横坐标 K_h 表示跨中竖向位移与跨度的比值，而纵坐标 K_f 表示加载过程中的载荷与极限载荷的比值。根据图中的数据，我们可以得出以下结论。

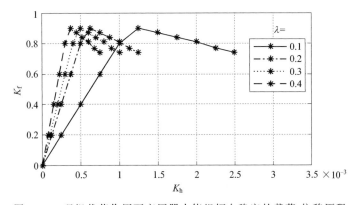

图 5.13　理想载荷作用下变压器内绕组辐向稳定的载荷-位移历程

① 跨度对位移的影响：在理想载荷下，变压器绕组的竖向相对位移随着跨度的增大而降低。这表明，随着跨度的增加，变压器绕组的整体刚度提高，即其抵抗变形

的能力增强。

② 长细比对刚度的影响：当固定矢跨比而只改变长细比时，绕组的刚度随着长细比的增大而降低，导致变形增大。这意味着在相同载荷作用下长细比较大的绕组更容易发生较大的变形，其稳定性相对较差。

在理想载荷下，变压器绕组的一阶失稳模态通常是反对称的，这意味着在没有外部干扰的情况下，绕组倾向于以反对称的方式失稳。然而，当绕组存在初始几何缺陷，且这些缺陷模态是对称的时候，绕组可能表现出对称的平面内失稳行为。这种失稳模式的转变对于绕组的设计和稳定性评估具有重要的影响。

图 5.14 展示了在施加了千分之一周长的对称和反对称缺陷影响下，对称失稳模态和反对称失稳模态极限载荷的比较。图中的 K_q 表示对称失稳载荷与反对称失稳载荷之比。通过对比分析，我们可以得出以下结论。

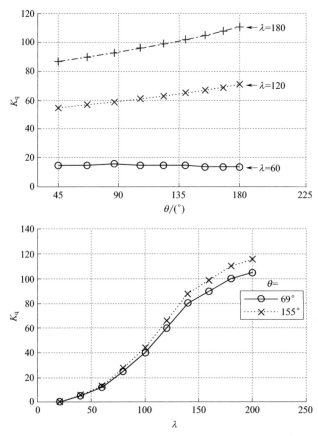

图 5.14 理想载荷作用下变压器内绕组辐向对称失稳与反对称失稳弹塑性稳定承载力的对比

① 对称失稳与反对称失稳的极限载荷：对称失稳时的极限载荷比反对称失稳时的极限载荷大。这表明在存在对称缺陷的情况下，绕组能够承受更大的载荷而不发生失稳。

② 跨度和长细比的影响：对称失稳与反对称失稳之间的差值随着跨度的增大而增大，也随着长细比的增大而增大。这意味着在较短的跨度和较小的长细比下，绕组更容易受到缺陷模式的影响，两种失稳模式都有可能发生。

③ 长细比的影响：当长细比较大时，由于缺陷的量值很难达到使绕组发生对称失稳的程度，因此绕组更倾向于发生辐向的反对称失稳。在这种情况下，对称模式的缺陷对绕组的失稳模态影响不大。

综上所述，变压器绕组稳定性理论中关于平衡分叉屈曲的部分，通过对比分析理想载荷作用下变压器绕组的平衡分叉屈曲，并与解析解进行对比，发现对于长细比较小的短粗绕组，解析解存在较大误差，而数值解考虑了剪切变形的影响，更适用于计算变压器内绕组的临界载荷。通过分析屈曲系数和屈曲载荷与支撑结构跨度、绕组尺寸的关系，发现辐向屈曲载荷随跨度的增大而增大，随长细比的增大而降低。

在荷载-位移发展过程中，采用二阶弹性稳定分析和弹塑性稳定分析的方法，结合荷载-位移历程，跟踪了变压器绕组在不同载荷工况下的荷载-位移发展过程，进一步揭示了绕组辐向失稳破坏机理。

通过二阶弹性与弹塑性稳定承载力对比，发现二阶弹性稳定承载力和弹塑性稳定承载力的比值与载荷条件、跨度及长细比有关，变化范围在1~85倍之间，因此不宜仅采用二阶弹性稳定承载力进行绕组辐向稳定性设计。

对于变压器绕组在对称和反对称缺陷影响下发生对称失稳和反对称失稳的弹塑性稳定承载力，不同缺陷模式对弹塑性稳定承载能力的影响较为复杂，且反对称失稳时的承载能力最低。理想载荷作用下绕组的刚度变化情况中，绕组的刚度随跨度的增大而增大，而在电磁力载荷作用下，绕组的刚度随着跨度的增大而降低。

参考文献

[1] 张博，李岩. 多次冲击条件下的大型变压器绕组辐向失稳 [J]. 电工技术学报，2017，32（S2）：71-76.

[2] ZHANG B，LI Y. Research on Radial Stability of Large Transformers Windings Under Multiple Short-Circuit Conditions [J]. IEEE Transactions on Applied Superconductivity，2016，26（7）：1-4.

第 6 章

电力变压器多次故障冲击累积电磁特性

6.1 概述

变压器故障冲击电流计算问题，为我们提供了变压器在故障冲击下电磁特性的初步理解。通过分析不同剩磁和故障冲击相角条件下的变压器故障冲击电流，研究得到了解析解答，这些解答基于变压器等效电路模型建立的平衡微分方程，主要描述了电通量或磁通量的宏观变化。

然而，这种方法存在一定的局限性。首先，基于等效电路模型得到的解主要反映了电磁场量的宏观特征，而不是具体的空间分布。在变压器故障冲击过程中，电磁力的空间分布对于理解故障机理和评估结构损伤至关重要。如果无法准确描述电磁力在绕组各空间位置的分布，那么对故障冲击影响的理解将是不完整的。其次，解析方法在处理复杂几何结构和材料特性时可能受到限制，特别是在涉及绕组高度方向上漏磁通密度变化的问题时。漏磁通密度的分布对于评估绕组的热应力和机械应力非常关键，但解析方法往往难以提供这种局部和高度依赖的详细信息。

多次故障冲击工况的研究对于深入理解变压器在极端条件下的行为至关重要。这类研究通常包括以下三个主要方面。

（1）多次故障冲击机理的研究

这一方面的研究关注于变压器在经历多次故障冲击时，磁通和电流历程的发展路径。跟踪故障冲击过程中的电磁响应，可以揭示故障冲击对变压器内部电磁场分布的影响，以及这些变化如何影响变压器的性能和寿命。研究中可能会考虑多种因素，如故障冲击的频率、持续时间以及冲击之间的间隔时间等，这些因素都会对变压器的电磁响应产生影响。

（2）多次故障冲击工况下变压器电磁特性的研究

在这一研究领域，重点是分析故障冲击电流如何随着故障冲击相角和剩磁的变化而变化。故障冲击相角和剩磁状态是影响变压器在故障冲击下电磁特性的关键参数。通过研究这些参数的变化，可以更好地理解故障冲击对变压器绕组和铁芯的影响，以及如何设计变压器以提高其在多次故障冲击下的耐受能力。

（3）多次故障冲击工况下漏磁分布的研究

漏磁分布的研究旨在考察一次故障冲击漏磁研究成果是否适用于多次故障冲击工况。由于多次故障冲击可能导致变压器内部磁场分布的复杂变化，因此，了解漏磁分布的变化对于评估变压器的结构完整性和热管理至关重要。这一研究可以帮助确定在多次故障冲击下，变压器绕组和铁芯的局部热点区域，以及可能的结构损伤和绝缘退化问题。

本章的研究内容聚焦于变压器在短时间间隔内经历多次故障冲击的工况，旨在深入探究这一极端条件下变压器的故障冲击机理和电磁特性，以及漏磁分布的变化情况。本章将采用故障冲击试验模型的电流测量值，这些数据可以提供实际故障冲击下变压器短路电流的真实情况。同时，利用产品级变压器的漏磁测量值进行计算校验，确保理论分析和实际测量结果的一致性。通过这些计算校验，可以验证理论模型的准确性，并对模型进行必要的调整和优化。

6.2 多次故障冲击过程

通过基于等效电路和分段线性电感假设条件的方法，得到了变压器故障冲击电流的解析解答。然而，这种方法在处理变压器故障冲击电流的分析与计算时存在局限性，因为它无法充分描述变压器铁芯中的磁饱和现象，也无法准确跟踪磁通与电流的变化历程。此外，分段线性电感假设条件在励磁工况较低时适用性较好，但在过饱和工况下，即偏磁较大的情况，计算结果可能会出现较大偏差。

为了克服这些局限性，本节将采用经典和改进的 J-A(Jiles-Atherton) 理论，并结合电压平衡方程，建立一个动态分析模型。J-A 理论是一种描述铁芯磁滞和磁饱和现象的非线性模型，它能够更准确地模拟变压器在故障冲击下的电磁特性。

涉及的研究方法包括以下几种。

① 经典 J-A 理论：经典 J-A 理论提供了一种描述铁芯磁滞和磁饱和的数学模型，它通过引入磁滞和涡流损耗来模拟铁芯中的非线性特性。

② 改进 J-A 理论的引入：改进的 J-A 理论在经典理论的基础上进行了优化，以更好地适应变压器在故障冲击下的动态响应。包括对模型参数的调整，以及对磁滞和

磁饱和特性的更精确描述。

③ 电压平衡方程的结合：结合电压平衡方程，可以确保模型在计算过程中考虑了变压器绕组的电压降，从而提高故障冲击电流计算的准确性。

④ 动态分析模型的建立：通过整合 J-A 理论和电压平衡方程，建立一个能够描述变压器在故障冲击下动态行为的模型。这个模型将能够捕捉到磁通和电流随时间变化的完整历程，包括磁饱和和去饱和过程。

6.2.1 数学模型

J-A(Jiles-Atherton) 模型是一种描述铁磁材料磁化过程的非线性模型，它通过引入磁畴壁的概念来解释磁滞和磁饱和现象。该模型将磁化过程分解为两个分量——不可逆分量 （M_{irr}） 和弹性可逆分量 （M_{rev}），从而能够更准确地描述铁芯中的非线性特性。

J-A 模型的关键特点如下。

① 摩擦效应：J-A 模型考虑了磁畴壁移动时的摩擦效应，这是磁滞损耗的来源之一。摩擦效应反映了磁畴壁在磁场作用下移动时遇到的阻力。

② 磁畴磁化过程：模型将磁畴的磁化过程分为两个部分——M_{irr} 和 M_{rev}。M_{irr} 代表由于磁畴壁的不可逆移动（如畴壁的钉扎和释放）产生的磁化分量，而 M_{rev} 代表磁畴壁在没有永久位移的情况下，由于磁畴内磁矩的旋转而产生的弹性可逆磁化分量。

③ 非磁滞磁化曲线：J-A 模型能够推导出非磁滞磁化曲线的数学函数表达式，这是描述磁感应强度 B 与磁场强度 H 之间关系的关键。这个函数通常包含多个参数，可以通过拟合实验数据来确定。

④ 磁饱和：模型还考虑了磁饱和现象，即当磁场强度达到一定值时，材料的磁化不再随磁场强度的增加而增加，而是趋于一个饱和值。

J-A 模型因其能够较好地描述铁磁材料的非线性磁化特性而在变压器、电机和其他电磁设备的分析和设计中得到了广泛应用。通过使用 J-A 模型，工程师可以更准确地预测和分析这些设备在不同工作条件下的电磁行为，尤其是在涉及磁饱和和磁滞损耗的复杂工况下。

非磁滞磁化曲线的数学函数表达式为：

$$M_{an} = M_s f(H_e) \tag{6.1}$$

式中，M_{an} 为非磁滞磁化强度；H_e 为有效磁场强度；M_s 为饱和磁化强度；H_e 由下式计算：

$$H_e = H + \alpha M \tag{6.2}$$

式中，α 为反映磁畴间耦合关系的平均磁场参数。

经典 J-A 模型中采用变形的 Langevin 函数表达式模拟非磁滞回线，表达式为：

$$M_{an} = M_s \left[\coth(H_e/a) - (a/H_e) \right] \tag{6.3}$$

磁化强度 M 分为不可逆和可逆两部分：

$$M = M_{irr} + M_{rev} \tag{6.4}$$

不可逆分量 M_{irr} 可由下式表达：

$$\frac{dM_{irr}}{dH} = \frac{1}{\dfrac{\delta k}{\mu_0} - \alpha(M_{an} - M_{irr})}(M_{an} - M_{irr}) \tag{6.5}$$

式中，δ 为符号函数，$\delta = \sin\left(n \dfrac{dH}{dt}\right)$，取值为 1 或 -1；k 为参数，反映牵制磁畴运动的作用；μ_0 为真空磁导率。

可逆分量 M_{rev} 的计算公式为：

$$\frac{dM_{rev}}{dH} = c(M_{an} - M_{irr}) \tag{6.6}$$

式中，c 为反映磁畴可逆运动的参数。

结合式(6.4)、式(6.5) 以及式(6.6) 可得磁化强度和磁场强度的关系式：

$$\frac{dM}{dH} = \frac{c\dfrac{dM_{an}}{dH_e} + \dfrac{\dfrac{M_{an} - M}{\dfrac{\delta k}{\mu_0} - \dfrac{\alpha(M_{an} - M_{irr})}{1 - c}}}{}}{1 - \alpha c\dfrac{dM_{an}}{dH_e}} \tag{6.7}$$

式中，

$$\frac{dM_{an}}{dH_e} = \frac{M_s}{a}\left[\frac{-1}{\sinh^2(H_e/a)} + \frac{1}{(H_e/a)^2} \right] \tag{6.8}$$

直接求解式(6.7)，当 H 从磁化曲线末端开始减小时，微分磁导率为负，而实际上在这种情况下，磁畴仍然被限制在缺陷区域。因此当 $M_{an} - M\delta < 0$ 时，M-H 的关系式采用如下形式：

$$\frac{dM}{dH} = \frac{c\dfrac{dM_{an}}{dH_e}}{1 - \alpha c\dfrac{dM_{an}}{dH_e}} \tag{6.9}$$

结合式(6.2)、式(6.3)、式(6.7)~式(6.9)，可以得到由磁化强度、磁场强度所表示的函数式 $\dfrac{dM}{dH} = f_1(M, N)$。

$$\begin{cases}\dfrac{dM}{dH}=\dfrac{\dfrac{\mu_0(1-c)M_s\left[\coth\left(\dfrac{H+\alpha M}{a}\right)-\dfrac{a}{H+\alpha M}\right]-\mu_0(1-c)M}{\delta k(1-c)-\mu_0\alpha\left\{M_s\left[\coth\left(\dfrac{H+\alpha M}{a}\right)-\dfrac{a}{H+\alpha M}\right]-M\right\}}}{1-\alpha c\dfrac{M_s}{a}\left[\dfrac{-1}{\sinh^2\left(\dfrac{H+\alpha M}{a}\right)}+\dfrac{a^2}{(H+\alpha M)^2}\right]}\\[6pt]\qquad+\dfrac{c\dfrac{M_s}{a}\left[\dfrac{-1}{\sinh^2\left(\dfrac{H+\alpha M}{a}\right)}+\dfrac{a^2}{(H+\alpha M)^2}\right]}{1-\alpha c\dfrac{M_s}{a}\left[\dfrac{-1}{\sinh^2\left(\dfrac{H+\alpha M}{a}\right)}+\dfrac{a^2}{(H+\alpha M)^2}\right]},\ (M_{an}-M)\delta\geqslant0\\[6pt]\dfrac{dM}{dH}=\dfrac{c\dfrac{M_s}{a}\left[\dfrac{-1}{\sinh^2\left(\dfrac{H+\alpha M}{a}\right)}+\dfrac{a^2}{(H+\alpha M)^2}\right]}{1-\alpha c\dfrac{M_s}{a}\left(\dfrac{-1}{\sinh^2\left(\dfrac{H+\alpha M}{a}\right)}+\dfrac{a^2}{(H+\alpha M)^2}\right)},\ (M_{an}-M)\delta<0\end{cases} \tag{6.10}$$

根据式(6.1)，可通过一系列磁场强度 H 得到相应的磁化强度 M，再根据磁通密度 B 与磁化强度 M 的关系式 $B=\mu_0(H+M)$ 得到一系列 B-H 曲线，即磁滞回线族，如图 6.1 所示。

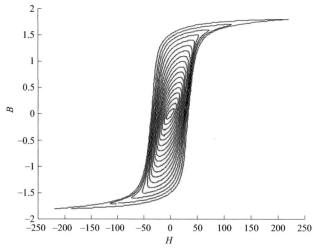

图 6.1　基于 J-A 模型的磁滞回线族

改进的 Langevin 表达式是经典 J-A 模型中用于描述磁滞回线的关键数学工具。Langevin 函数本身是基于分子场理论的，用于描述铁磁材料中磁矩的平均取向。在 J-A 模型中，改进的 Langevin 表达式被用来模拟磁滞回线，从而更好地反映实际材料的磁化特性。

经典 J-A 模型中的参数如下。

c（磁饱和磁化强度）：这个参数代表材料在完全磁化状态下的磁化强度，与材料的磁饱和特性有关。

k（磁滞损耗系数）：k 参数与材料的磁滞损耗有关，反映了磁畴壁移动时的能量损耗。

α（磁滞回线的锐度）：α 参数影响磁滞回线的锐度，即磁化曲线的陡峭程度。较大的 α 值意味着磁滞回线更尖锐，磁滞损耗较小。

a（磁滞回线的非线性度）：a 参数用于调整磁滞回线的非线性程度，它影响磁化曲线的形状，尤其是在接近饱和区域时。

通过调整这些参数，J-A 模型能够模拟出不同形状的磁滞回线，从而适用于不同类型的铁磁材料。模型的参数化方法使得 J-A 模型在实际应用中具有很高的灵活性和适应性，能够为变压器、电机和其他电磁设备的设计和分析提供准确的磁化特性描述。

对 J-A 模型进行改进，描述线性区与饱和区之间的过渡区，更准确模拟磁滞回线。改进模型对描述 M_{an} 的数学公式进行了修正，而磁畴理论的基本思想不变。

考虑非磁滞磁化曲线所具有的 $\lim\limits_{H_e \to 0} M_{an} = 0$、$\lim\limits_{H_e \to \infty} M_{an} = M_s$、$\dfrac{\mathrm{d}M_{an}}{\mathrm{d}H_e} \geqslant 0$ 特性，M_{an} 在第一象限的表达式为：

$$M_{an} = M_s \frac{a_1 H_e + H_e^b}{a_3 + a_2 H_e + H_e^b} \tag{6.11}$$

结合式(6.2)，并考虑非磁滞磁化曲线关于原点的对称性，可以得到 M_{an} 的整体表达式：

$$
\begin{cases}
M_{an} = M_s \dfrac{a_1 H_e + H_e^b}{a_3 + a_2 H_e + H_e^b}, & H_e \geqslant 0 \\[3mm]
M_{an} = -M_s \dfrac{-a_1 H_e + (-H_e)^b}{a_3 - a_2 H_e + (-H_e)^b}, & H_e < 0
\end{cases}
\tag{6.12}
$$

又

$$
\begin{cases}
\dfrac{\mathrm{d}M_{an}}{\mathrm{d}H_e} = M_s \dfrac{a_1 a_3 + b a_3 H_e^{(b-1)} + (b-1)(a_2 - a_1) H_e^b}{(a_3 + a_2 H_e + H_e^b)^2}, & H_e \geqslant 0 \\[4mm]
\dfrac{\mathrm{d}M_{an}}{\mathrm{d}H_e} = M_s \dfrac{-a_1 a_3 + b a_3 H_e^{(b-1)} + (b-1)(a_2 - a_1) H_e^b}{(a_3 - a_2 H_e + H_e^b)^2}, & H_e < 0
\end{cases}
\tag{6.13}
$$

将式(6.12)和式(6.13)代入式(6.7)、式(6.9)得到改进模型的最终表达式为

$$\frac{\mathrm{d}M}{\mathrm{d}H} = f_2(M,N)。$$

结合 J-A 理论对变压器短路电流进行分析计算时，需要将电压平衡方程与 J-A 模型相结合，以经典 J-A 理论和额定工况运行变压器等效电路为例，列写如下：

$$Hl = N_1 i_1 + N_2 i_2 \tag{6.14}$$

$$e_2 = -\frac{\mathrm{d}\psi}{\mathrm{d}t} = -N_2 s \frac{\mathrm{d}B}{\mathrm{d}t} = R_2 i_2 + L_2 \frac{\mathrm{d}i_2}{\mathrm{d}t} \tag{6.15}$$

式中，N_1 为一次侧绕组的匝数；N_2 为二次侧绕组的匝数；i_1 为一次侧绕组电流；i_2 为二次侧绕组电流；H 为磁场强度；l 为磁路的长度；s 为变压器铁芯的截面积；B 为铁芯磁通密度；R_2 为变压器二次侧电阻与负载电阻之和；L_2 为二次侧绕组电感与负载电感之和。

联立经典 J-A 模型可得：

$$\begin{cases} Hl = N_1 i_1 + N_2 i_2 \\ -N_2 s \dfrac{\mathrm{d}B}{\mathrm{d}t} = R_2 i_2 + L_2 \dfrac{\mathrm{d}i_2}{\mathrm{d}t} \\ \dfrac{\mathrm{d}M}{\mathrm{d}H} = f(M,H) \end{cases} \tag{6.16}$$

式(6.16)为能够描述磁滞回线的非线性微分方程组。

将方程式(6.16)中 $\dfrac{\mathrm{d}M}{\mathrm{d}H}$ 转化为 $\dfrac{\mathrm{d}M}{\mathrm{d}t} \Big/ \dfrac{\mathrm{d}H}{\mathrm{d}t}$ 的形式，并考虑 $B = \mu_0(M+H)$，可得：

$$\begin{cases} -N_2 s \dfrac{\mathrm{d}M}{\mathrm{d}t} - N_2 s \dfrac{\mathrm{d}H}{\mathrm{d}t} - R_2 i_2 - L_2 \dfrac{\mathrm{d}i_2}{\mathrm{d}t} = 0 \\ -N_2 i_2 + Hl = N_1 i_1 \\ -\dfrac{\mathrm{d}M}{\mathrm{d}t} + f(M,H) \dfrac{\mathrm{d}H}{\mathrm{d}t} = 0 \end{cases} \tag{6.17}$$

将其表示为矩阵形式：

$$\begin{bmatrix} -R_2 & 0 & 0 \\ -N_2 & 0 & l \\ 0 & 0 & 0 \end{bmatrix} \begin{bmatrix} i_2 \\ M \\ H \end{bmatrix} + \begin{bmatrix} -L_2 & -N_2 s & -N_2 s \\ 0 & 0 & 0 \\ 0 & -1 & f(M,H) \end{bmatrix} \frac{\mathrm{d}}{\mathrm{d}t} \begin{bmatrix} i_2 \\ M \\ H \end{bmatrix} = \begin{bmatrix} 0 \\ N_1 i_1 \\ 0 \end{bmatrix} \tag{6.18}$$

将该方程表示为 $\boldsymbol{CX} + \boldsymbol{D(X)}\boldsymbol{X}' = \boldsymbol{E}$ 的形式，其中 $\boldsymbol{X} = (i_2, M, H)^{\mathrm{T}}$。利用后差分欧拉法对式(6.18)进行离散得：

$$\left[C + \frac{D(X_1)}{\Delta t} \right] X_1 = E + \frac{D(X_0)}{\Delta t} X_0 \qquad (6.19)$$

式(6.19)为非线性代数方程组，其中 X_0、X_1 分别为状态变量 X 前、后时刻值。

非线性代数方程组式(6.19)为变压器电磁动态分析模型的离散形式。采用较为常用的牛顿-拉弗森法进行处理。

牛顿-拉弗森法的基本思想是将非线性方程 $f(x)=0$ 逐步归结为线性方程进行求解。若方程 $f(x)=0$ 有近似解 $x^{(k)}$，并假设 $f'(x^{(k)}) \neq 0$，将 $f(x)$ 在 $x^{(k)}$ 处展开可得：

$$f(x) \approx f(x^{(k)}) + f'(x^{(k)})(x - x^{(k)}) \qquad (6.20)$$

从而方程 $f(x)=0$ 可近似表示为：

$$f(x^{(k)}) + f'(x^{(k)})(x - x^{(k)}) = 0 \qquad (6.21)$$

将该方程的解记作 $x^{(k+1)}$ 则有：

$$x^{(k+1)} = x^{(k)} - \frac{f(x^{(k)})}{f'(x^{(k)})}, k = 1, 2, \cdots \qquad (6.22)$$

式(6.22)为牛顿-拉弗森法求解非线性方程的一般表现形式，应用时首先假设方程的解为 $x^{(0)}$，并将其代入式(6.22)求得 $x^{(1)}$，之后判断 $x^{(1)}$ 与 $x^{(0)}$ 之间的误差，若其未满足收敛条件，则继续进行迭代求解，直到误差小于设定值 ε 结束。而在对非线性微分方程组进行求解时，$f'(x^{(k)})$ 可由雅可比修正矩阵表示。

采用牛顿-拉弗森法求解经典 J-A 理论的变压器模型时，假设状态变量后一时刻的迭代初始值 $X_1^{(0)} = (i_2^{(0)}, M^{(0)}, H^{(0)})^{\mathrm{T}}$，并构造迭代格式如下：

$$X_1^{(1)} = X_1^{(0)} - \left[J(X_1^{(0)}) \right]^{-1} \left[C + \frac{D(X_1^{(0)})}{\Delta t} X_1^{(0)} - E - \frac{D(X_0^{(0)})}{\Delta t} X_0 \right] \qquad (6.23)$$

式中，

$$J(X_1^{(0)}) = \left(C + \frac{D(X_1^{(0)})}{\Delta t} X_1^{(0)} \right) + \frac{\partial D(X)}{\partial X} \Big|_{X = X_0} \frac{X_0^{(0)}}{\Delta t} \qquad (6.24)$$

$$J(X) = \begin{pmatrix} C_{11} + \frac{1}{\Delta t} D_{11} & C_{12} + \frac{1}{\Delta t} D_{12} & C_{13} + \frac{1}{\Delta t} D_{13} \\ C_{21} + \frac{1}{\Delta t} D_{11} & C_{22} + \frac{1}{\Delta t} D_{22} & C_{23} + \frac{1}{\Delta t} D_{23} \\ C_{31} + \frac{1}{\Delta t} D_{11} & C_{32} + \frac{1}{\Delta t} D_{32} + J_{32} & C_{33} + \frac{1}{\Delta t} D_{33} + J_{33} \end{pmatrix} \qquad (6.25)$$

式中，$C_{11} \sim C_{33}$、$D_{11} \sim D_{33}$ 分别对应矩阵 C、$D(X)$ 中各元素，J_{32}、J_{33} 为：

$$
\begin{cases}
J_{32} = \dfrac{H}{\Delta t}\dfrac{\partial}{\partial M}\left(\dfrac{c\dfrac{M_s}{a}\left[\dfrac{-1}{\sinh^2\left(\dfrac{H+\alpha M}{a}\right)}+\dfrac{a^2}{(H+\alpha M)^2}\right]}{1-\alpha c\dfrac{M_s}{a}\left[\dfrac{-1}{\sinh^2\left(\dfrac{H+\alpha M}{a}\right)}+\dfrac{a^2}{(H+\alpha M)^2}\right]}\right. \\[2em]
\left. +\dfrac{\dfrac{\mu_0(1-c)M_s\left[\coth\left(\dfrac{H+\alpha M}{a}\right)-\dfrac{a}{H+\alpha M}\right]-\mu_0(1-c)M}{\delta k(1-c)-\mu_0\alpha\left\{M_s\left[\coth\left(\dfrac{H+\alpha M}{a}\right)-\dfrac{a}{H+\alpha M}\right]-M\right\}}}{1-\alpha c\dfrac{M_s}{a}\left[\dfrac{-1}{\sinh^2\left(\dfrac{H+\alpha M}{a}\right)}+\dfrac{a^2}{(H+\alpha M)^2}\right]}\right) \\[4em]
J_{33} = \dfrac{H}{\Delta t}\dfrac{\partial}{\partial H}\left(\dfrac{c\dfrac{M_s}{a}\left[\dfrac{-1}{\sinh^2\left(\dfrac{H+\alpha M}{a}\right)}+\dfrac{a^2}{(H+\alpha M)^2}\right]}{1-\alpha c\dfrac{M_s}{a}\left[\dfrac{-1}{\sinh^2\left(\dfrac{H+\alpha M}{a}\right)}+\dfrac{a^2}{(H+\alpha M)^2}\right]}\right. \\[2em]
\left. +\dfrac{\dfrac{\mu_0(1-c)M_s\left[\coth\left(\dfrac{H+\alpha M}{a}\right)-\dfrac{a}{H+\alpha M}\right]-\mu_0(1-c)M}{\delta k(1-c)-\mu_0\alpha\left\{M_s\left[\coth\left(\dfrac{H+\alpha M}{a}\right)-\dfrac{a}{H+\alpha M}\right]-M\right\}}}{1-\alpha c\dfrac{M_s}{a}\left[\dfrac{-1}{\sinh^2\left(\dfrac{H+\alpha M}{a}\right)}+\dfrac{a^2}{(H+\alpha M)^2}\right]}\right)
\end{cases}, (M_{an}-M)\delta\geqslant 0
$$

$$(6.26)$$

$$
\begin{cases}
J_{32} = \dfrac{H}{\Delta t}\dfrac{\partial}{\partial M}\left\{ \dfrac{c\dfrac{M_s}{a}\left[\dfrac{-1}{\sinh^2\left(\dfrac{H+\alpha M}{a}\right)}+\dfrac{a^2}{(H+\alpha M)^2}\right]}{1-\alpha c\dfrac{M_s}{a}\left[\dfrac{-1}{\sinh^2\left(\dfrac{H+\alpha M}{a}\right)}+\dfrac{a^2}{(H+\alpha M)^2}\right]}\right\} \\[4em]
J_{33} = \dfrac{H}{\Delta t}\dfrac{\partial}{\partial H}\left\{ \dfrac{c\dfrac{M_s}{a}\left[\dfrac{-1}{\sinh^2\left(\dfrac{H+\alpha M}{a}\right)}+\dfrac{a^2}{(H+\alpha M)^2}\right]}{1-\alpha c\dfrac{M_s}{a}\left[\dfrac{-1}{\sinh^2\left(\dfrac{H+\alpha M}{a}\right)}+\dfrac{a^2}{(H+\alpha M)^2}\right]}\right\}
\end{cases}, (M_{an}-M)\delta<0
$$

$$(6.27)$$

计算 $\boldsymbol{X}_1^{(1)}$ 与 $\boldsymbol{X}_1^{(0)}$ 间的误差 $\|\boldsymbol{X}_1^{(1)}-\boldsymbol{X}_1^{(0)}\|$，若其大于设定值 ε，则继续进行迭代计算 $\boldsymbol{X}_1^{(2)}, \cdots, \boldsymbol{X}_1^{(k)}$，直到满足条件 $\|\boldsymbol{X}_1^{(k)}-\boldsymbol{X}_1^{(k-1)}\|\leqslant\varepsilon$，$\boldsymbol{X}_1^{(k)}$ 即为该时刻状态变量的解。

采用牛顿-拉弗森法求解改进 J-A 理论的变压器模型时，求解思路及迭代格式与经典 J-A 理论下的变压器模型相似，但其中雅可比矩阵元素如下。

当 $(M_{an}-M)\delta \geqslant 0$ 且 $H_e \geqslant 0$ 时：

$$
\left\{
\begin{aligned}
J_{32} &= \frac{H}{\Delta t}\frac{\partial}{\partial M}\left(\frac{cM_s\dfrac{a_1a_3+ba_3(H+\alpha M)^{(b-1)}+(b-1)(a_2-a_1)(H+\alpha M)^b}{[a_3+a_2(H+\alpha M)+(H+\alpha M)^b]^2}}{1-\alpha cM_s\dfrac{a_1a_3+ba_3(H+\alpha M)^{(b-1)}+(b-1)(a_2-a_1)(H+\alpha M)^b}{[a_3+a_2(H+\alpha M)+(H+\alpha M)^b]^2}}\right.\\[2em]
&\left.+\frac{\mu_0(1-c)M_s\dfrac{a_1(H+\alpha M)+(H+\alpha M)^b}{a_3+a_2(H+\alpha M)+(H+\alpha M)^b}-\mu_0(1-c)M}{\delta k(1-c)-\mu_0\alpha\left[M_s\dfrac{a_1(H+\alpha M)+(H+\alpha M)^b}{a_3+a_2(H+\alpha M)+(H+\alpha M)^b}-M\right]}{1-\alpha cM_s\dfrac{a_1a_3+ba_3(H+\alpha M)^{(b-1)}+(b-1)(a_2-a_1)(H+\alpha M)^b}{[a_3+a_2(H+\alpha M)+(H+\alpha M)^b]^2}}\right)\\[3em]
J_{33} &= \frac{H}{\Delta t}\frac{\partial}{\partial H}\left(\frac{cM_s\dfrac{a_1a_3+ba_3(H+\alpha M)^{(b-1)}+(b-1)(a_2-a_1)(H+\alpha M)^b}{[a_3+a_2(H+\alpha M)+(H+\alpha M)^b]^2}}{1-\alpha cM_s\dfrac{a_1a_3+ba_3(H+\alpha M)^{(b-1)}+(b-1)(a_2-a_1)(H+\alpha M)^b}{[a_3+a_2(H+\alpha M)+(H+\alpha M)^b]^2}}\right.\\[2em]
&\left.+\frac{\mu_0(1-c)M_s\dfrac{a_1(H+\alpha M)+(H+\alpha M)^b}{a_3+a_2(H+\alpha M)+(H+\alpha M)^b}-\mu_0(1-c)M}{\delta k(1-c)-\mu_0\alpha\left[M_s\dfrac{a_1(H+\alpha M)+(H+\alpha M)^b}{a_3+a_2(H+\alpha M)+(H+\alpha M)^b}-M\right]}{1-\alpha cM_s\dfrac{a_1a_3+ba_3(H+\alpha M)^{(b-1)}+(b-1)(a_2-a_1)(H+\alpha M)^b}{[a_3+a_2(H+\alpha M)+(H+\alpha M)^b]^2}}\right)
\end{aligned}
\right.
$$

$$(6.28)$$

当 $(M_{an}-M)\delta < 0$ 且 $H_e \geqslant 0$ 时：

$$
\left\{
\begin{aligned}
J_{32} &= \frac{H}{\Delta t}\frac{\partial}{\partial M}\left\{\frac{cM_s\dfrac{a_1a_3+ba_3(H+\alpha M)^{(b-1)}+(b-1)(a_2-a_1)(H+\alpha M)^b}{[a_3+a_2(H+\alpha M)+(H+\alpha M)^b]^2}}{1-\alpha cM_s\dfrac{a_1a_3+ba_3(H+\alpha M)^{(b-1)}+(b-1)(a_2-a_1)(H+\alpha M)^b}{[a_3+a_2(H+\alpha M)+(H+\alpha M)^b]^2}}\right\}\\[2em]
J_{33} &= \frac{H}{\Delta t}\frac{\partial}{\partial H}\left\{\frac{cM_s\dfrac{a_1a_3+ba_3(H+\alpha M)^{(b-1)}+(b-1)(a_2-a_1)(H+\alpha M)^b}{[a_3+a_2(H+\alpha M)+(H+\alpha M)^b]^2}}{1-\alpha cM_s\dfrac{a_1a_3+ba_3(H+\alpha M)^{(b-1)}+(b-1)(a_2-a_1)(H+\alpha M)^b}{[a_3+a_2(H+\alpha M)+(H+\alpha M)^b]^2}}\right\}
\end{aligned}
\right.
$$

$$(6.29)$$

当 $(M_{an}-M)\delta < 0$ 且 $H_e < 0$ 时：

$$\begin{cases} J_{32} = \dfrac{H}{\Delta t}\dfrac{\partial}{\partial M}\left\{ \dfrac{cM_s \dfrac{-a_1a_3+ba_3(H+\alpha M)^{(b-1)}+(b-1)(a_2-a_1)(H+\alpha M)^b}{[a_3-a_2(H+\alpha M)+(H+\alpha M)^b]^2}}{1-\alpha cM_s \dfrac{-a_1a_3+ba_3(H+\alpha M)^{(b-1)}+(b-1)(a_2-a_1)(H+\alpha M)^b}{[a_3-a_2(H+\alpha M)+(H+\alpha M)^b]^2}} \right\} \\[3em] J_{33} = \dfrac{H}{\Delta t}\dfrac{\partial}{\partial H}\left\{ \dfrac{cM_s \dfrac{-a_1a_3+ba_3(H+\alpha M)^{(b-1)}+(b-1)(a_2-a_1)(H+\alpha M)^b}{[a_3-a_2(H+\alpha M)+(H+\alpha M)^b]^2}}{1-\alpha cM_s \dfrac{-a_1a_3+ba_3(H+\alpha M)^{(b-1)}+(b-1)(a_2-a_1)(H+\alpha M)^b}{[a_3-a_2(H+\alpha M)+(H+\alpha M)^b]^2}} \right\} \end{cases}$$

$$(6.30)$$

当 $(M_{an}-M)\delta \geqslant 0$ 且 $H_e < 0$ 时：

$$\begin{cases} J_{32} = \dfrac{H}{\Delta t}\dfrac{\partial}{\partial M}\left(\dfrac{cM_s \dfrac{-a_1a_3+ba_3(H+\alpha M)^{(b-1)}+(b-1)(a_2-a_1)(H+\alpha M)^b}{[a_3-a_2(H+\alpha M)+(H+\alpha M)^b]^2}}{1-\alpha cM_s \dfrac{-a_1a_3+ba_3(H+\alpha M)^{(b-1)}+(b-1)(a_2-a_1)(H+\alpha M)^b}{[a_3-a_2(H+\alpha M)+(H+\alpha M)^b]^2}} \right. \\[3em] \left. +\dfrac{-\mu_0(1-c)M_s \dfrac{-a_1(H+\alpha M)+[-(H+\alpha M)]^b}{a_3-a_2(H+\alpha M)+[-(H+\alpha M)]^b}-\mu_0(1-c)M}{\dfrac{\delta k(1-c)-\mu_0\alpha\left\{M_s \dfrac{-a_1(H+\alpha M)+[-(H+\alpha M)]^b}{a_3-a_2(H+\alpha M)+[-(H+\alpha M)]^b}-M\right\}}{1-\alpha cM_s \dfrac{-a_1a_3+ba_3(H+\alpha M)^{(b-1)}+(b-1)(a_2-a_1)(H+\alpha M)^b}{[a_3-a_2(H+\alpha M)+(H+\alpha M)^b]^2}}} \right) \\[5em] J_{33} = \dfrac{H}{\Delta t}\dfrac{\partial}{\partial H}\left(\dfrac{cM_s \dfrac{-a_1a_3+ba_3(H+\alpha M)^{(b-1)}+(b-1)(a_2-a_1)(H+\alpha M)^b}{[a_3-a_2(H+\alpha M)+(H+\alpha M)^b]^2}}{1-\alpha cM_s \dfrac{-a_1a_3+ba_3(H+\alpha M)^{(b-1)}+(b-1)(a_2-a_1)(H+\alpha M)^b}{[a_3-a_2(H+\alpha M)+(H+\alpha M)^b]^2}} \right. \\[3em] \left. +\dfrac{\mu_0(1-c)M_s \dfrac{-a_1(H+\alpha M)+[-(H+\alpha M)]^b}{a_3-a_2(H+\alpha M)+[-(H+\alpha M)]^b}-\mu_0(1-c)M}{\dfrac{\delta k(1-c)-\mu_0\alpha\left\{M_s \dfrac{-a_1(H+\alpha M)+[-(H+\alpha M)]^b}{a_3-a_2(H+\alpha M)+[-(H+\alpha M)]^b}-M\right\}}{1-\alpha cM_s \dfrac{-a_1a_3+ba_3(H+\alpha M)^{(b-1)}+(b-1)(a_2-a_1)(H+\alpha M)^b}{[a_3-a_2(H+\alpha M)+(H+\alpha M)^b]^2}}} \right) \end{cases}$$

$$(6.31)$$

6.2.2 机理分析

为了深入理解多次故障冲击工况下变压器的电磁转换机理，进行一次故障冲击工况的对比研究是非常必要的。通过设定不同的故障冲击相角和剩磁（偏磁）条件，可以观察到剩磁与偏磁在变压器电磁转换过程中的影响，从而为后续的多次故障冲击工况研究提供重要的参考和基础。

（1）考察剩磁与偏磁的影响

通过设定不同的剩磁水平（$\Phi_r = -0.8\text{pu}$、0pu、0.8pu），研究剩磁对变压器在故障冲击下的电磁响应的影响。剩磁的存在会影响变压器的磁化过程和磁通分布，进而影响故障冲击电流的特性。

（2）分析故障冲击相角的作用

选择故障冲击相角 $\alpha = 0$ 作为研究起点，可以确保在故障发生时，变压器的磁通处于特定的状态。通过改变相角，可以研究不同相位条件下的电磁转换过程。

（3）为多次故障冲击工况提供参照

通过一次故障冲击工况的研究，可以建立一个基准模型，用于比较和分析多次故障冲击下变压器的行为。这有助于识别和理解多次故障冲击对变压器性能的累积影响。

代入参数 $a = 499$、$\alpha = 7.09 \times 10^{-4}$、$k = 1154.6$、$c = 0.0198$ 的 J-A 模型测量样本数据对剩磁 $\Phi_r = 0\text{pu}$、故障冲击相角 $\alpha = 0$、电源 $U_1 = 110\text{kV}$、变比 $k = 110/35$、$L_1 = L_2 = 0.002\text{H}$、$R_1 = R_2 = 0.08\Omega$ 的一次故障冲击工况下变压器励磁电流、磁通、绕组电压进行仿真，波形如图 6.2～图 6.4 所示。

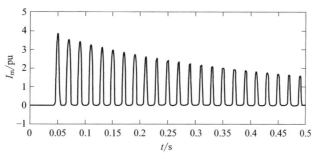

图 6.2　变压器励磁电流波形 1

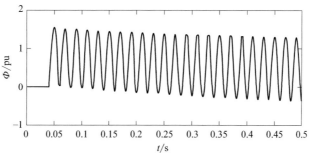

图 6.3　变压器铁芯磁通波形 1

变压器在故障冲击发生时的电磁行为是复杂且动态变化的，其中包括励磁电流的畸变、磁通波形的变化以及绕组端电压的下降等现象。以下是对这些现象的详细解释。

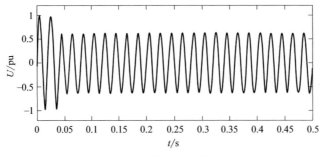

图 6.4　变压器绕组电压波形 1

（1）励磁电流的畸变

由于铁芯材料的磁滞特性，当变压器遭受故障冲击时，励磁电流会出现畸变。励磁电流的畸变表现为波形的不连续和间断较大的衰减，这是因为励磁支路在故障冲击下分流了大部分暂态分量。即使在铁芯无剩磁存在的情况下，励磁支路的电流峰值也可能未达到最高，但由于铁芯材料的非线性特性，励磁电流仍然表现出明显的衰减波形，如图 6.2 所示。

（2）磁通波形的变化

磁通波形的非周期分量在故障冲击下不受剩磁的影响，未产生较高的偏磁。这意味着磁通波形的变化主要由故障冲击引起的磁通动态变化决定，而与铁芯的剩磁状态关系不大，如图 6.3 所示。

（3）绕组端电压的下降

故障冲击的发生导致变压器负载侧及自身的阻抗降低。在系统总阻抗不变的情况下，变压器绕组端电压会因为阻抗分压作用而下降。这种电压下降可能会影响变压器的正常运行，甚至可能导致下游设备的损坏。因此，监测和控制变压器端电压在短路故障下的变化是保障电力系统稳定运行的重要措施，如图 6.4 所示。

对剩磁 $\Phi_r = 0.8\text{pu}$、短路相角 $\alpha = 0$、电源 $U_1 = 110\text{kV}$、变比 $k = 110/35$、$L_1 = L_2 = 0.002\text{H}$、$R_1 = R_2 = 0.08\Omega$ 的一次短路工况下变压器励磁电流、磁通进行仿真，波形如图 6.5、图 6.6 所示。

对剩磁 $\Phi_r = -0.8\text{pu}$、短路相角 $\alpha = 0$、电源 $U_1 = 110\text{kV}$、变比 $k = 110/35$、$L_1 = L_2 = 0.002\text{H}$、$R_1 = R_2 = 0.08\Omega$ 的一次短路工况下变压器励磁电流、磁通进行仿真，波形如图 6.7、图 6.8 所示。

根据图 6.5～图 6.8 的观察结果，可以得出以下关于变压器在故障冲击发生时的电磁行为。

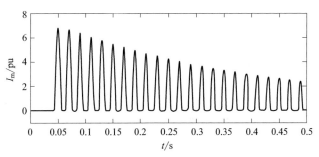

图 6.5　变压器励磁电流波形 2

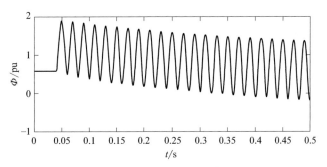

图 6.6　变压器铁芯磁通波形 2

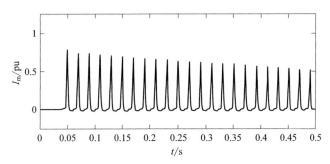

图 6.7　变压器励磁电流波形 3

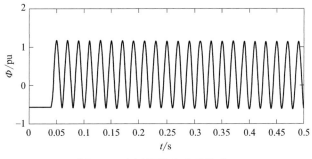

图 6.8　变压器铁芯磁通波形 3

(1) 磁通饱和程度的影响因素

当变压器铁芯存在剩磁时，磁通的饱和程度受到故障冲击相角和剩磁极性的共同影响。剩磁极性与故障冲击产生的偏磁极性一致时，会导致铁芯的磁通饱和程度最高。

（2）励磁支路电流的变化

在磁通饱和程度较高的情况下，励磁支路电流会急剧增加。这是因为励磁支路需要提供额外的电流来克服铁芯的非线性磁化特性，并维持磁通。

（3）二次侧故障冲击电流的响应

励磁支路电流的增加会导致二次侧故障冲击电流相应增加。这是因为励磁支路电流与二次侧故障冲击电流在变压器的电磁转换过程中是相互关联的。

（4）一次侧短路电流的变化

励磁支路电流的增加和二次侧故障冲击电流的增加会合成一次侧故障冲击电流的增加。然而，这种增加受到铁芯非线性磁化特性和变压器绕组端电压下降的限制。

（5）故障冲击电流的增幅限制

尽管励磁支路电流和二次侧故障冲击电流增加，但由于铁芯的非线性磁化特性和绕组端电压的下降，故障冲击电流并不会产生很大的增幅。这意味着变压器的电磁系统在短路故障下具有一定的自限制能力。

以短时间间隔二次故障冲击工况为例研究多次故障冲击电磁转换机理，按照一次故障冲击机理研究方法，代入参数 $a=499$、$\alpha=7.09\times10^{-4}$、$k=1154.6$、$c=0.0198$ 的 J-A 模型测量样本数据对一次故障冲击相角 $\alpha_{sc1}=0$、电源 $U_1=110\mathrm{kV}$、变比 $k=110/35$、$L_1=L_2=0.002\mathrm{H}$、$R_1=R_2=0.08\Omega$ 的二次故障冲击工况下变压器励磁电流、磁通、故障冲击电流进行仿真，在一次故障冲击机理研究基础上考察分闸时刻、二次故障冲击相角在变压器电磁转换过程中产生的影响。

对分闸时刻 $t=0.154\mathrm{ms}$，二次故障冲击相角 $\alpha_{sc2}=0$、$\alpha_{sc2}=180°$ 的变压器二次故障冲击电流、磁通进行仿真计算，波形如图 6.9～图 6.12 所示。

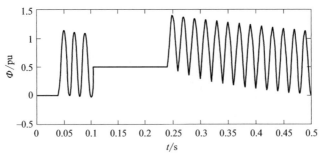

图 6.9　变压器铁芯磁通波形 4

变压器在额定工况运行时，其磁化过程通常可以忽略饱和特性的影响，此时磁通、电流和电压近似呈现稳态正弦波形。然而，在故障冲击工况下，变压器的行为会显著不同，具体取决于故障冲击相角。

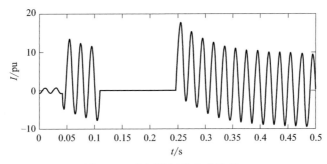

图 6.10 变压器短路电流波形 1

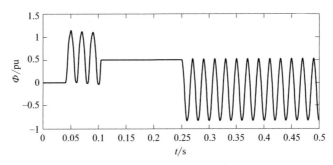

图 6.11 变压器铁芯磁通波形 5

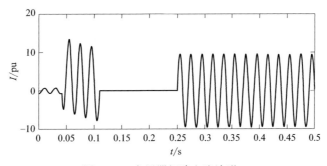

图 6.12 变压器短路电流波形 2

一次故障冲击电流存在两种极端情况：①当故障冲击相角 $\alpha_{\text{sc1}}=0$ 或 180°时，磁通中的偏磁分量幅值达到最大，导致磁通上升到一定程度后超出极限磁滞回线范围，进入饱和线性段。在这种情况下，变压器的电感大幅度下降，从而导致故障冲击电流激增。②当故障冲击相角 $\alpha_{\text{sc1}}=90°$或 270°时，磁通中的偏磁分量为零，故障冲击电流无衰减分量，即电流不会因磁通饱和而减小。

一次故障冲击后剩磁的影响：一次故障冲击后，剩磁的极性由故障冲击相角决定，与故障冲击断路相角无关，剩磁的存在对后续的故障冲击电流有显著影响。

二次故障冲击电流的特点：二次故障冲击电流峰值是否高于一次故障冲击电流峰值，由一次故障冲击相角和二次故障冲击相角共同决定；一次故障冲击相角决定了剩磁的幅值与极性，而二次故障冲击相角决定了二次故障冲击电流的方向；当二次故障冲击电流方向与剩磁方向一致时，剩磁对二次故障冲击电流起到"助长"的作用，导致磁化特性严重饱和，工作点大部分处于饱和线性段，二次故障冲击电流峰值高于一次故障冲击电流峰值；当二次故障冲击电流方向与剩磁方向相反时，剩磁对二次故障冲击电流起到"抑制"的作用，工作点下降进入局部磁滞回环。

此外，上述多次故障冲击电流时变机理建立在短时间间隔的假设条件下，多次故障冲击电流的研究与一次故障冲击电流的研究相似，因此不再赘述。

以 $\alpha_{sc2}=0$、$\alpha_{sc2}=90°$、$\alpha_{sc2}=180°$，$\Phi_r=-0.8pu$ 三种不同的变压器多次故障冲击工况为例，对其磁通-电流路径进行跟踪计算，分别得到图 6.13 中的 3 条曲线。

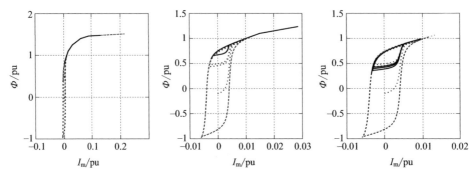

图 6.13　故障冲击相角 $\alpha=0\sim180°$ 的多次故障冲击磁通-电流历程

6.3　变压器多次故障冲击电磁特性

在短时间间隔内发生多次故障冲击时，变压器的电磁特性会受到前期故障冲击事件的显著影响。剩磁的存在导致后续故障冲击时的磁通-电流历程发生变化，进而影响绕组电压和电流的响应。

采用的研究方法如下。

① 磁通-电流历程的发展：分析变压器在多次故障冲击下，磁通和电流随时间的变化历程。这包括磁通如何从初始状态通过不同的故障冲击事件而演变，以及电流如何响应这些变化。

② 绕组电压和电流的变化：研究绕组电压和电流如何随着磁通-电流历程的变化而变化。这些变化对于评估变压器的性能和设计保护策略至关重要。

为了全面研究多次故障冲击工况下变压器的电磁特性，本节将采用以下变量进行计算分析。

① 一次故障冲击相角：分析一次故障冲击发生时，短路相角对磁通-电流历程的影响，以及剩磁的产生和特性。

② 断路相角：考虑断路相角对剩磁的影响，以及在故障冲击间隔时间内剩磁如

何影响变压器的磁化状态。

③ 二次故障冲击相角：研究二次故障冲击发生时，短路相角如何影响二次故障冲击电流和磁通的变化，以及这些变化如何与一次故障冲击事件产生的剩磁相互作用。

在短时间间隔多次故障冲击工况的研究中，剩磁对变压器的行为有着显著的影响，尤其是在评估二次故障冲击电流时。剩磁的产生和特性受到一次故障冲击相角和断路相角的共同作用，而剩磁本身又与二次故障冲击相角相互作用，共同决定了二次故障冲击电流的特性。

剩磁的影响因素中，一次故障冲击相角（α_{sc1}）决定了偏磁的幅值与极性，即在故障冲击发生时，磁通波形的偏移量和方向。断路相角与偏磁一起决定了剩磁的幅值与极性，即在故障冲击后断路时，铁芯中剩余的磁通状态。二次故障冲击相角与剩磁共同影响二次故障冲击电流，决定了电流的幅值和动态响应。

为了简化问题并便于对比研究，本节将首先在两种特定的一次故障冲击相角条件下（$\alpha_{sc1}=0$ 和 $\alpha_{sc1}=90°$）对变压器的多次故障冲击电磁特性进行研究。这两种条件分别代表了偏磁为零和偏磁最大的情况，从而可以清晰地观察到一次故障冲击相角对剩磁以及随后的二次故障冲击电流的影响。

通过这种区分研究，可以将涉及一次故障冲击相角、断路相角和二次故障冲击相角的三变量问题简化为两个主要变量（一次故障冲击相角和二次故障冲击相角）的交叉问题。

对一次故障冲击相角 $\alpha_{sc1}=\pm 0 \sim 180°$、剩磁 $\Phi_r=0pu$、二次故障冲击相角 $\alpha_{sc2}=\pm 0 \sim 180°$ 的变压器多次故障冲击电流进行计算，二次故障冲击电流第一个峰值与一次故障冲击电流第一个峰值之比 K_1 计算值如表 6.1 所示，二次故障冲击电流比例系数 K_1 和一次故障冲击相角、二次故障冲击相角关系如图 6.14 所示。

表 6.1　基于等效电路模型的多次故障冲击电流系数 K_1

α_{sc2} / α_{sc1}	0	45°	90°	135°	180°	−135°	−90°	−45°
0	1.000	0.906	0.583	0.829	1.000	0.907	0.584	0.829
45°	1.103	1.000	0.644	0.915	1.104	1.000	0.644	0.915
90°	1.714	1.554	1.000	1.422	1.715	1.554	1.001	1.421
135°	1.206	1.093	0.703	1.000	1.206	1.093	0.704	1.000
180°	1.000	0.906	0.583	0.829	1.000	0.906	0.584	0.829
−135°	1.103	1.000	0.643	0.915	1.103	1.000	0.644	0.914
−90°	1.713	1.553	0.999	1.421	1.714	1.553	1.000	1.420
−45°	1.206	1.093	0.704	1.000	1.206	1.094	0.704	1.000

由表 6.1 和图 6.14 可以看出，在一次故障冲击相角 $\alpha_{sc1}=0$ 时，二次故障冲击电流比例系数与一次故障冲击相角无关，与二次故障冲击相角关系很大。

对一次故障冲击相角 $\alpha_{sc1}=0 \sim 180°$、断路相角 $\alpha_{br}=0$、二次故障冲击相角 $\alpha_{sc2}=$

0～180°的变压器多次故障冲击电流进行计算，二次故障冲击电流峰值与一次故障冲击电流峰值之比 K_2 计算值如表 6.2 所示，多次故障冲击电流比例系数 K_2 和一次故障冲击相角、二次故障冲击相角关系如图 6.15 所示。

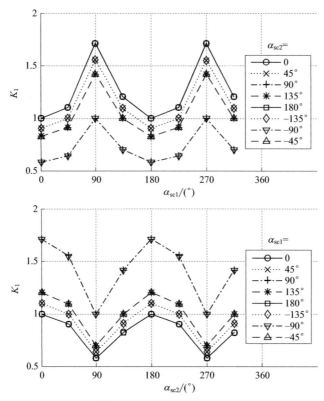

图 6.14　多次故障冲击电流系数 K_1 与一次故障冲击相角、二次故障冲击相角的关系

表 6.2　基于等效电路模型的多次故障冲击电流系数 K_2

α_{sc2} / α_{sc1}	0	45°	90°	135°	180°	−135°	−90°	−45°
0	0.956	0.882	0.583	0.830	1.001	0.908	0.584	0.827
45°	1.054	0.973	0.643	0.916	1.105	1.001	0.644	0.912
90°	1.638	1.512	0.999	1.422	1.716	1.556	1.001	1.417
135°	1.152	1.064	0.702	1.000	1.207	1.094	0.704	0.996
180°	0.956	0.882	0.582	0.830	1.001	0.907	0.584	0.826
−135°	1.054	0.973	0.643	0.915	1.104	1.001	0.644	0.912
−90°	1.637	1.511	0.998	1.422	1.715	1.555	1.001	1.416
−45°	1.153	1.064	0.703	1.001	1.208	1.094	0.705	0.997

　　由表 6.2 和图 6.15 可以看出，一次故障冲击相角与二次故障冲击相角对多次故障冲击系数均有很大影响，多次故障冲击工况下的一次故障冲击相角过零点时二次故障冲击系数最小。多次故障冲击工况下二次故障冲击相角过零点时二次故障冲击系数

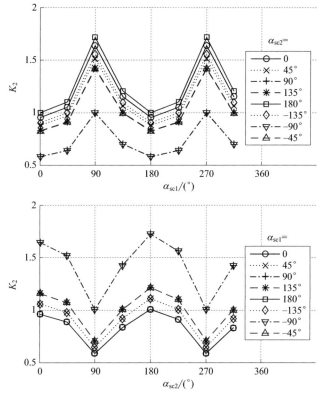

图 6.15　多次故障冲击电流系数 K_2 与一次故障冲击相角、二次故障冲击相角的关系

最大。多次故障冲击工况下一次故障冲击相角处于 0 和 $180°$ 附近、二次故障冲击相角处于 $90°$ 和 $270°$ 附近时，多次故障冲击系数小于 1，二次故障冲击电流小于前一次故障冲击电流，而一次故障冲击相角处于 $90°$ 和 $270°$ 附近、二次故障冲击相角处于 0 和 $180°$ 附近时，两次故障冲击电流相差倍数多达 1.7。

变压器漏磁计算对于理解和评估变压器在故障冲击下的电磁力至关重要，尤其是在研究变压器的辐向稳定性时。漏磁分布的不均匀性在绕组端部尤为显著，而在绕组高度的轴向漏磁最大区域，沿圆周方向的变化则相对不明显，这在现有研究中已有共识。然而，在多次故障冲击情况下，漏磁通密度的变化和相邻绕组间的相互作用引入了新的复杂性，这需要更精细的分析方法。

多次故障冲击下的漏磁特性包括漏磁通密度的变化和相邻绕组间的相互作用。漏磁通密度的变化是在多次故障冲击下，漏磁通密度随故障冲击电流线性增长，可能达到额定工况或一次故障冲击工况下的数倍。相邻绕组间的相互作用是变压器不同相的相邻绕组产生的漏磁相互交链，可能导致更大引力或斥力，这种相互作用在现有研究中尚未得到充分考虑。

为了克服这些挑战并提供更准确的电磁力计算，本节将采用有限元法（FEM）对多次故障冲击下的变压器漏磁场进行仿真分析。有限元法能够处理复杂的几何结构和非线性材料特性，为变压器在极端工况下的电磁行为提供了一种强大的分析工具。通过有限元仿真，可以得到多次故障冲击下电磁力的数值解答，这将为变压器绕组辐向稳定性的研究提供重要的数据支持。这种方法不仅能够考虑漏磁分布的不均匀性，还能够评估相邻绕组间的相互作用对电磁力的影响。为变压器设计和故障分析提供了更为精确的计算方法，有助于提高变压器的可靠性和安全性。因此本节将采用有限元法对多次故障冲击下变压器漏磁场进行仿真分析，给出多次故障冲击下电磁力的数值解答，为后续变压器绕组辐向稳定性研究提供依据。

本节计算模型采用一台 OSFSZ-250MVA/220kV 型三相自耦变压器，产品额定参数如表 6.3 所示。

表 6.3　变压器产品额定参数 1

额定容量	17000kVA
额定电压	37.6(1±5.83%)/21kV
额定电流	261/467A
频率	50Hz
接线组	Y/△
阻抗电压	23.5%

采用场路耦合法对多次故障冲击工况下三相接地故障冲击方式的变压器漏磁通密度进行计算，以绕组中部高度轴向漏磁通密度为分析对象，建模和数据提取位置如图 6.16 所示。

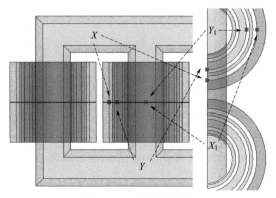

图 6.16　有限元模型

在研究变压器轴向漏磁相间影响的过程中，选择合适的数据点进行对比分析是至关重要的。通过在不同的空间位置设置数据点，可以更准确地捕捉到漏磁通密度的分布和变化情况，尤其是在多次短路工况下。

数据点位置的选择如下。

① 数据点 X：位于 B 相高压绕组中部高度，铁芯窗内，靠近相邻 A 相绕组。这个位置可以捕捉到高压绕组在铁芯窗内，且受到相邻绕组影响时的轴向漏磁通密度。

② 数据点 X_1：位于 B 相高压绕组同一高度，铁芯窗外，远离相邻 A、C 相绕组。这个位置提供了一个远离相邻绕组影响的参考点，用于与数据点 X 进行对比。

③ 数据点 Y：位于 B 相低压绕组中部高度，铁芯窗内，靠近相邻 A 相绕组。这个位置用于分析低压绕组在铁芯窗内，且受到相邻绕组影响时的轴向漏磁通密度。

④ 数据点 Y_1：位于 B 相低压绕组同一高度，铁芯窗外，远离相邻 A、C 相绕组。这个位置同样提供了一个远离相邻绕组影响的参考点，用于与数据点 Y 进行对比。

通过对数据点 X 与 X_1，以及数据点 Y 与 Y_1 的轴向漏磁通密度进行跟踪，可以计算出轴向漏磁通密度之差（$B_{z\,range}$）。这个差值反映了相邻绕组对轴向漏磁通密度的影响程度。数值计算结果如图 6.17 所示，展示了在三相短路工况下，不同数据点的时变轴向漏磁通密度。通过这些数据，可以分析多次短路工况下变压器轴向漏磁的相间影响。

为了更全面地理解漏磁通密度变化对变压器的影响，同时给出了辐向短路电磁力（F_{sc}）的计算结果。辐向短路电磁力是变压器辐向稳定性研究中的关键参数，它直接关系到变压器在短路冲击下的机械稳定性。

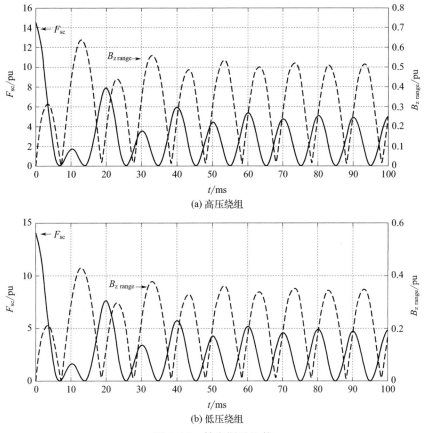

(a) 高压绕组

(b) 低压绕组

图 6.17　轴向漏磁比较

通过对图 6.17 的分析，可以得出在多次故障冲击工况下，变压器相邻绕组之间的周向漏磁分布确实存在显著的相间影响。这种影响在高压和低压绕组中都有所体现，并且对变压器的整体电磁行为有重要影响。

周向漏磁分布与辐向短路电磁力的关系：周向漏磁分布的时变规律与辐向短路电

磁力的时变规律不同步。这意味着不能简单地将二者视为等效，而应分别考虑它们在故障冲击过程中的变化。

相间影响的具体表现如下。

当 B 相绕组的辐向故障冲击电磁力达到峰值时，A 相绕组的电流方向与之相反，导致邻相绕组的漏磁场产生互补作用，如图 6.18(a) 所示。在这种情况下，由于 B 相绕组的电磁力很大，相间影响可能不太明显。

随着 B 相绕组的辐向故障冲击电磁力衰减，电流方向相同的邻相绕组之间的相间影响仍然存在，并在某个时刻达到漏磁周向分布不均匀程度的最高点。轴向漏磁周向极差的峰值点出现在辐向故障冲击电磁力波形的下降沿。

当 A 相绕组的电流过零点时，邻相绕组之间的漏磁场不产生影响，轴向漏磁周向极差的零点出现在第二个辐向故障冲击电磁力半波的上升沿。

当 C 相绕组的故障冲击电流达到峰值时，A、B 相绕组的电流方向相同，此时邻相绕组的漏磁场产生互斥作用，如图 6.18(b) 所示。这种相间影响同样增加了漏磁周向分布的不均匀程度。

在研究变压器绕组的辐向静态稳定性问题时，如果考虑的是辐向故障冲击电磁力的第一个峰值，可以按照周向均匀分布的方式进行等效处理。这种方法简化了问题，可以更容易地分析和评估变压器在静态条件下的稳定性。

本书将采用周向均匀分布的电磁力作为理想载荷，来研究变压器绕组的辐向静态稳定性问题。这种方法考虑了多次故障冲击工况下变压器的实际电磁行为，为变压器的设计和评估提供了更为准确的理论依据。

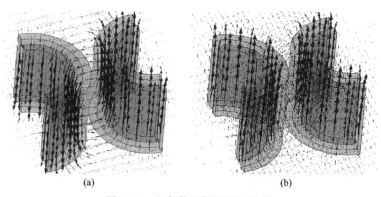

(a)　　　　　　　　　　　(b)

图 6.18　相邻绕组漏磁相间影响

6.4　案例

在本章中，通过数值模拟方法对变压器在故障冲击下的电磁特性进行了深入的理论研究。从研究中得到了变压器在多次故障冲击工况下的故障冲击电流和漏磁通密度的数值解答。本节的目标是通过仿真计算试验产品的故障冲击电流和漏磁通密度，以实现以下目的。

① 对比实验模型的短路电流测量值：通过将仿真计算得到的故障冲击电流与实验模型中实测的短路电流进行对比，可以验证所采用的故障冲击电流计算方法的准确性和可靠性。这一步骤是确保理论模型与实际变压器行为相符合的关键。

② 对比变压器产品的漏磁测量值：类似地，将仿真计算得到的漏磁通密度与变压器产品的实际漏磁测量值进行对比，可以验证漏磁通密度计算方法的正确性。这对于确保后续分析的准确性至关重要。

③ 提供所需的电磁力载荷数据：通过仿真计算得到的故障冲击电流和漏磁通密度数据，可以用于计算变压器内绕组在故障冲击下的电磁力载荷。这些数据对于研究变压器绕组的辐向稳定性至关重要，因为它们直接影响到绕组的机械应力和可能的变形。

漏磁计算验证模型为 SSPl-17000kVA/37.6kV 型电力变压器，该产品为漏磁测量模型，尺寸为 SSPl-26000kVA/220kV 型电力变压器的一半，额定参数如表 6.4 所示。

表 6.4　变压器产品额定参数 2

额定容量	17000kVA
额定电压	37.6(1±5.83%)/21kV
额定电流	261/467A
频率	50Hz
接线组	Y/△
阻抗电压	23.5%

采用测磁线圈和真空毫伏计进行漏磁场测量，测磁线圈由漆包线缠绕骨架制成，高度 3mm，匝数 300。测磁线圈由标尺定位，安装在油箱壁表面，位置如图 6.19 所示。

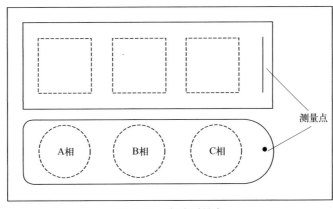

图 6.19　实验测量点

在进行最小分接方式和100%负荷条件下的轴向漏磁通密度仿真计算时，结果与试验测量数据的对比可以验证仿真模型的准确性。如图6.20所示，仿真计算的轴向漏磁通密度在绕组中部高度与试验测量值相吻合，这表明仿真模型能够准确地反映实际变压器的电磁行为。

从图6.20可以看出，在绕组中部高度，轴向漏磁通密度的计算值与测量值之间的一致性表明，有限元模型在这一区域的仿真结果是可靠的。在绕组端部，由于夹件、磁屏蔽等结构的影响，轴向漏磁通密度出现不规则变化。有限元模型在这些区域的计算可能存在较大误差，这是由于模型可能未能完全捕捉到所有细节和复杂性。尽管绕组端部的轴向漏磁幅值存在误差，但由于这些区域的辐向电磁力远小于绕组中部的，因此对后续绕组辐向失稳研究的影响有限。对绕组辐向稳定性研究的意义在于，绕组端部轴向漏磁幅值较小，意味着在评估绕组辐向稳定性时，可以集中关注绕组中部区域的电磁力载荷。这简化了分析过程，同时保持了研究的准确性。通过识别和理解误差来源，可以对有限元模型进行调整和优化，以提高未来仿真分析的准确性。

虽然在绕组端部存在一定的计算误差，但这些误差对整体的绕组辐向稳定性研究的影响较小。

故障冲击电流计算验证模型为故障冲击试验变压器，该模型为模拟 ODFPS-250000MVA/500kV 型电力变压器的短路电磁机械特性而研制，额定参数如表6.5所示。

表6.5　故障冲击试验模型额定参数

额定容量	293kVA
额定电压	29.9kV
额定电流	9800A
短路电流峰值	26362A
匝数	62

故障冲击试验模型为空心模型，磁通在空气中闭合，采用两绕组反向串接的方式使安匝达到平衡，产生与实际产品相似的受力状态，接线如图6.21所示。

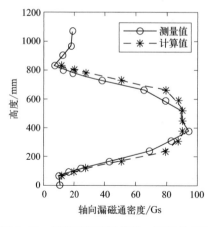

图6.20　漏磁通密度计算值、测量值对比

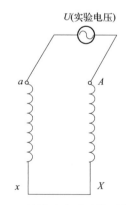

图6.21　故障冲击试验模型接线图

对 20％、40％、57％、92％挡位的故障冲击电流进行计算，计算结果如表 6.6 所示。

由表 6.6 可以看出，采用本节故障冲击电流计算方法得到的计算结果误差较小，满足实际工程需要，为后续变压器绕组稳定性研究提供可靠的保证。

表 6.6　故障冲击试验电流峰值

施加电流（挡位）	故障冲击试验电流测量电流	计算电流	误差
1960（20％）	4034	4236	2％
3920（40％）	10414	12184	17％
5601（57％）	14935	17175	15％
9000（92％）	24945	30433	22％

参考文献

[1]　张博. 多次短路冲击条件下的大型变压器绕组强度与稳定性研究［D］. 沈阳：沈阳工业大学，2016.

[2]　王欢. 大型变压器多次短路工况下的电磁特性与绕组累积效应研究［D］. 沈阳：沈阳工业大学，2018.

[3]　孙昕. 短路与重合闸工况下大容量电力变压器绕组强度研究［D］. 沈阳：沈阳工业大学，2015.

第7章

电力变压器多次故障冲击累积机械特性

7.1 概述

变压器绕组在遭受多次故障冲击时，可能会经历多次弹塑性变形，变形在短路力卸载后会引起绕组的回弹现象。这种回弹现象是由多种因素引起的，包括以下几种。

① 内外层弹性差异：铜绕组的内外两侧表层纤维可能已经进入塑性状态，而内部仍处于弹性状态。当外部载荷卸载时，内部弹性部分会导致绕组发生回弹。

② 塑性与弹性变形共存：即使铜绕组的截面全部发生弯曲并进入塑性状态，卸载时弹性变形的消失也会引起回弹现象。

绕组的回弹是一个非线性问题，其计算的复杂性远超弹性问题，因此长期以来缺乏有效的解决方法，显然制约了多次故障冲击工况的研究。绕组的回弹不仅改变了其形状和尺寸，还会导致残余形变，这些残余形变在变压器再次遭受力冲击时会累积，可能导致绕组弯曲、拉长，绝缘距离发生改变，最终引起变压器损坏。

本书采用基于大挠度弹塑性变形-回弹变分原理的数值方法，对多次故障冲击工况下的绕组弹塑性变形-回弹问题进行了研究。在理论研究的基础上，本书总结了绕组在不同跨长、截面高度以及厚度下残余形变的分布规律，并以产品级变压器为例，进行了多次故障冲击工况下的绕组累积效应研究。分析了在不同故障冲击工况及故障冲击次数下，绕组累积效应下的残余形变变化规律，并考虑了残余应力对绕组残余形变的影响。

7.2 多次故障冲击绕组弹塑性变形

7.2.1 数学模型

为了深入研究多次短路工况下变压器绕组的弹塑性变形-回弹问题，建立准确的数学模型是至关重要的。这个模型需要能够描述绕组在大挠度条件下的弹塑性变形行为，以及在短路力卸载后的回弹现象。以下是建立这一模型的关键步骤和考虑因素。

① 大挠度弹塑性变形-回弹方程：需要建立描述绕组大挠度弹塑性变形的方程。这些方程应该能够反映材料的非线性特性，包括在塑性区域的应变-应力关系，以及在弹性区域的胡克定律。

② 边界条件：需要确定与弹塑性变形-回弹问题相关的边界条件。这些条件可能包括绕组的固定端、支撑点，以及与其他组件的接触条件等。

③ 变形后的平衡条件：由于绕组在变形后的几何形状会影响其平衡状态，因此需要将平衡条件建立在变形后的位移和形变上。这意味着平衡方程需要考虑绕组变形后的几何配置。

④ 非线性几何方程和平衡方程：由于应变表达式中包括了位移的二次项，这导致了几何方程和平衡方程的非线性。这种非线性特性使得问题的求解变得更加复杂，通常需要采用数值方法来解决。

建立绕组的几何方程，其发生大挠度弹塑性变形的应变可表示为：

$$\varepsilon = \varepsilon_u + \varepsilon_w \tag{7.1}$$

式中，ε_u 为位移对应变的贡献，有 $\varepsilon_u = \dfrac{\mathrm{d}u}{\mathrm{d}x}$；$\varepsilon_w$ 为大挠度对应变的贡献。如图 7.1 绕组变形图所示，且有：

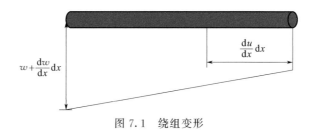

图 7.1 绕组变形

$$\mathrm{d}s = \sqrt{1 + \left(\frac{\mathrm{d}w}{\mathrm{d}x}\right)^2}\,\mathrm{d}x = \left[1 + \frac{1}{2}\left(\frac{\mathrm{d}w}{\mathrm{d}x}\right)^2 + \cdots\right]\mathrm{d}x \tag{7.2}$$

大挠度对应变的贡献表示为：

$$\varepsilon_w = \frac{ds - dx}{dx} = \frac{1}{2}\left(\frac{dw}{dx}\right)^2 \tag{7.3}$$

大挠度弹塑性变形的应变为：

$$\varepsilon = \frac{du}{dx} + \frac{1}{2}\left(\frac{dw}{dx}\right)^2 \tag{7.4}$$

绕组的弯曲曲率为：

$$K = -\frac{d^2 w}{dx^2} \bigg/ \left[1 + \left(\frac{dw}{dx}\right)^2\right]^{\frac{3}{2}} \tag{7.5}$$

上式中 $\left|\dfrac{du}{dx}\right| \ll 1$，且 $\left(\dfrac{dw}{dx}\right)^2$ 与 $\dfrac{du}{dx}$ 为同量级，则绕组的曲率可近似表示为：

$$K = -\frac{d^2 w}{dx^2} \tag{7.6}$$

大挠度弹塑性变形的平衡方程为：

$$\frac{d^2 M}{dx^2} + \frac{d}{dx}\left(N\frac{dw}{dx}\right) + P = 0 \tag{7.7}$$

或可表达为：

$$EI\frac{d^4 w}{dx^4} = \frac{d}{dx}\left(N\frac{dw}{dx}\right) + P \tag{7.8}$$

大挠度弹塑性变形的辐向力 N、弯矩 M 和等效切力 V 分别可表示为：

$$N = EA\varepsilon = EA\left[\frac{du}{dx} + \frac{1}{2}\left(\frac{dw}{dx}\right)^2\right] \tag{7.9}$$

$$M = EIK = -EI\frac{d^2 w}{dx^2} \tag{7.10}$$

$$V = N\frac{dw}{dx} + Q \tag{7.11}$$

大挠度弹塑性变形的边界条件为：

$$u = w = \frac{dw}{dx} = 0 \tag{7.12}$$

当 $u = 0$ 时，由式(7.9) 可知：

$$\frac{du}{dx} = \frac{N}{EA} - \frac{1}{2}\left(\frac{dw}{dx}\right)^2 \tag{7.13}$$

由上式(7.13) 两边积分，可得：

$$\int_0^l \frac{du}{dx}dx = \int_0^l \left[\frac{N}{EA} - \frac{1}{2}\left(\frac{dw}{dx}\right)^2\right]dx \tag{7.14}$$

由于相对位移 $\int_0^l \dfrac{du}{dx}dx = 0$，故有：

$$\frac{N}{EA} = \frac{1}{2}\int_0^l \left(\frac{dw}{dx}\right)^2 dx \tag{7.15}$$

限定位移量为 Δ，式(7.15) 可表示为：

$$\frac{Nl}{EA} = \frac{1}{2}\int_0^l \left(\frac{\mathrm{d}w}{\mathrm{d}x}\right)^2 \mathrm{d}x - \Delta \tag{7.16}$$

为了研究变压器支撑件跨间绕组在多次短路工况下的弹塑性变形-回弹行为，可以采用等效模型的方法，将绕组简化为带有支撑端的直梁，并建立相应的弹塑性变形-回弹反耦联数学模型。以下是建立这一模型的关键步骤和考虑因素。

① 等效直梁模型：选取变压器支撑件跨间绕组，并将其等效为具有相似形状和尺寸的直梁。这种等效考虑了绕组的主要力学特性，同时简化了问题的复杂性。

② 边界条件和位移：在模型中，已知边界位移相同，这意味着直梁的两端固定，且在支撑点处的位移是已知的。

③ 体力和边界力：在两个大挠度直梁系统中，体力和边界力的数值相同但方向相反。这反映了绕组在短路力作用下发生弹塑性变形，而在卸载后回弹直梁系统只发生弹性变形。

④ 弹塑性与弹性本构关系：弹塑性直梁系统考虑了材料的非线性特性，包括在塑性区域的应变-应力关系，以及在弹性区域的胡克定律。回弹直梁系统则只考虑弹性本构关系，且这一关系与弹塑性直梁弹性阶段的本构关系相同。

⑤ 反耦联系统：弹塑性直梁和回弹直梁一起构成了一个反耦联系统，其中一个系统的行为会影响另一个系统。这种耦联反映了绕组在弹塑性变形后卸载，以及随后的回弹过程中，弹性和塑性变形之间的相互作用。

图 7.2 提供了绕组弹塑性变形-回弹反耦联系统的示意图。

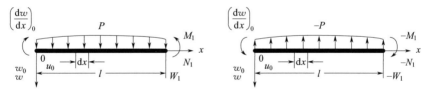

图 7.2 弹塑性变形-回弹反耦联系统

弹塑性体及回弹体直梁的平衡方程和边界条件分别为：

$$\frac{\mathrm{d}^2 M}{\mathrm{d}x^2} + \frac{\mathrm{d}}{\mathrm{d}x}\left(N\frac{\mathrm{d}w}{\mathrm{d}x}\right) + P = 0, \frac{\mathrm{d}^2 M'}{\mathrm{d}x^2} + \frac{\mathrm{d}}{\mathrm{d}x}\left(N'\frac{\mathrm{d}w'}{\mathrm{d}x}\right) - P = 0 \tag{7.17}$$

$$\frac{\mathrm{d}N}{\mathrm{d}x} = 0, \frac{\mathrm{d}N'}{\mathrm{d}x} = 0 \tag{7.18}$$

$$M_1 = \overline{M}_1, M_1' = -\overline{M}_1 \tag{7.19}$$

$$Q_1 + N\left(\frac{\mathrm{d}w}{\mathrm{d}x}\right)_1 = \overline{V}_1, Q_1' + N'\left(\frac{\mathrm{d}w'}{\mathrm{d}x}\right)_1 = -\overline{V}_1 \tag{7.20}$$

$$N_1 = \overline{N}_1, N_1' = -\overline{N}_1 \tag{7.21}$$

$$w_0 = \overline{w}_0, w_0' = \overline{w}_0 \tag{7.22}$$

$$\left(\frac{\mathrm{d}w}{\mathrm{d}x}\right)_0 = \left(\frac{\mathrm{d}\overline{w}}{\mathrm{d}x}\right)_0, \left(\frac{\mathrm{d}w'}{\mathrm{d}x}\right)_0 = \left(\frac{\mathrm{d}\overline{w}}{\mathrm{d}x}\right)_0 \tag{7.23}$$

$$u_0 = \overline{u}_0, u_0' = \overline{u}_0 \tag{7.24}$$

将式(7.17)～式(7.21) 中两项相加，则依次得到：

$$\frac{d^2 M'}{dx^2} + \frac{d}{dx}\left(N' \frac{dw'}{dx}\right) + \frac{d^2 M}{dx^2} + \frac{d}{dx}\left(N \frac{dw}{dx}\right) = 0 \tag{7.25}$$

$$\frac{dN'}{dx} + \frac{dN}{dx} = 0 \tag{7.26}$$

$$M_1' + M_1 = 0 \tag{7.27}$$

$$Q_1' + N'\left(\frac{dw'}{dx}\right)_1 + Q_1 + N\left(\frac{dw}{dx}\right)_1 = 0 \tag{7.28}$$

$$N_1 + N_1' = 0 \tag{7.29}$$

式(7.25)、式(7.26) 为大挠度弹塑性变形-回弹反耦联平衡方程，式(7.27) ～式(7.29) 为大挠度弹塑性变形-回弹反耦联力边界条件。

同样，将式(7.22)～式(7.24) 中两式分别相减，可得：

$$w_0' - w_0 = 0 \tag{7.30}$$

$$\left(\frac{dw'}{dx}\right)_0 - \left(\frac{dw}{dx}\right)_0 = 0 \tag{7.31}$$

$$u_0' - u_0 = 0 \tag{7.32}$$

对大挠度弹塑性变形-回弹反耦联平衡方程(7.25)、式(7.26) 和大挠度弹塑性变形-回弹反耦联力边界条件式(7.27) ～式(7.29) 应用加权余量法可得回弹总势能，即：

$$\begin{aligned}
\delta \prod\nolimits_{sp}' = &-\int_0^l \left[\frac{d^2 M'}{dx^2} + \frac{d}{dx}\left(N' \frac{dw'}{dx}\right) + \frac{d^2 M}{dx^2} + \frac{d}{dx}\left(N \frac{dw}{dx}\right)\right] \delta w' dx \\
&-\int_0^l \left(\frac{dN'}{dx} + \frac{dN}{dx}\right) \delta u' dx - (M_1' + M_1) \delta\left(\frac{dw'}{dx}\right)_1 \\
&+ \left[\left(Q_1' + N' \frac{dw'}{dx}\right)_1 + \left(Q_1 + N \frac{dw}{dx}\right)_1\right] \delta w_1' + (N_1' + N_1) \delta u_1' = 0 \quad (7.33)
\end{aligned}$$

由于 w' 和 u' 为任意容许位移，则有：

$$\int_0^l \frac{d^2 M'}{dx^2} \delta w' dx = Q_1' \delta w_1' - M_1' \delta\left(\frac{dw'}{dx}\right)_1 + \int_0^l M' \delta \frac{d^2 w'}{dx^2} dx \tag{7.34}$$

$$\int_0^l \frac{d^2 M}{dx^2} \delta w' dx = Q_1 \delta w_1' - M_1 \delta\left(\frac{dw'}{dx}\right)_1 + \int_0^l M \delta \frac{d^2 w'}{dx^2} dx \tag{7.35}$$

$$\int_0^l \frac{d}{dx}\left(N' \frac{dw'}{dx}\right) \delta w' dx = \left(N' \frac{dw'}{dx}\right)_1 \delta w_1' - \int_0^l N' \frac{dw'}{dx} \delta \frac{dw'}{dx} dx \tag{7.36}$$

$$\int_0^l \frac{d}{dx}\left(N \frac{dw}{dx}\right) \delta w' dx = \left(N \frac{dw}{dx}\right)_1 \delta w_1' - \int_0^l N \frac{dw}{dx} \delta \frac{dw'}{dx} dx \tag{7.37}$$

$$\int_0^l \frac{dN'}{dx} \delta u' dx = N_1' \delta u_1' - \int_0^l N' \delta \frac{du'}{dx} dx \tag{7.38}$$

$$\int_0^l \frac{dN}{dx} \delta u' dx = N_1 \delta u_1' - \int_0^l N \delta \frac{du'}{dx} dx \tag{7.39}$$

将式(7.34)～式(7.39)代入式(7.33)中，可得：

$$\delta \prod_{\mathrm{sp}} = \int_0^l \left\{ (M'+M)\delta K' + N'\delta \left[\frac{\mathrm{d}u'}{\mathrm{d}x} + \frac{1}{2}\left(\frac{\mathrm{d}w'}{\mathrm{d}x}\right)^2 \right] + N\delta \frac{\mathrm{d}u'}{\mathrm{d}x} + N\frac{\mathrm{d}w}{\mathrm{d}x}\delta\frac{\mathrm{d}w'}{\mathrm{d}x} \right\} \mathrm{d}x = 0$$

(7.40)

大挠度直梁弹塑性变形-回弹反耦联系统的回弹总势能为：

$$\prod_{\mathrm{sp}}' = \int_0^l \left\{ A(K') + A(\varepsilon') + MK' + N\varepsilon' + N\left[\frac{\mathrm{d}w}{\mathrm{d}x}\frac{\mathrm{d}w'}{\mathrm{d}x} - \frac{1}{2}\left(\frac{\mathrm{d}w'}{\mathrm{d}x}\right)^2 \right] \right\} \mathrm{d}x$$

(7.41)

式中，$\prod_{\mathrm{sp}}'$ 为直梁的回弹总势能；$A(K')$ 为回弹直梁的应变能密度；K' 为回弹直梁的弯曲曲率；ε' 代表回弹直梁的辐向应变。

对式(7.41)取 u' 和 w' 的变分极值，则得平衡方程式(7.25)、式(7.26)及边界条件式(7.27)～式(7.29)。总势能式(7.41)对于真实解的位移 u' 和 w' 取极小值。

回弹体直梁的总势能式(7.41)是满足式(7.30)～式(7.32)约束下的条件变分问题，为消除上述的约束，应用拉格朗日乘子法构成一个新的泛函为：

$$\prod_{\mathrm{gsp}}'^{*} = \int_0^l \left\{ A(K') + A(\varepsilon') + MK' + N\varepsilon' + N\left[\frac{\mathrm{d}w}{\mathrm{d}x}\frac{\mathrm{d}w'}{\mathrm{d}x} - \frac{1}{2}\left(\frac{\mathrm{d}w'}{\mathrm{d}x}\right)^2 \right] \right\} \mathrm{d}x$$
$$- (w_0'-w_0)\alpha + \left[\left(\frac{\mathrm{d}w'}{\mathrm{d}x}\right)_0 - \left(\frac{\mathrm{d}w}{\mathrm{d}x}\right)_0 \right]\beta - (u_0'-u_0)\gamma$$

(7.42)

式中，α、β、γ 为新引进的拉格朗日乘子。

对式(7.42)取 u'、w'、α、β、γ 的变分驻值，可以识别出：

$$\alpha = V_0' + V_0, \beta = M_0' + M_0, \gamma = N_0' + N_0$$

(7.43)

将式(7.43)代入式(7.42)，可得回弹直梁的广义势能：

$$\prod_{\mathrm{gsp}}' = \int_0^l \left\{ A(K') + A(\varepsilon') + MK' + N\varepsilon' + N\left[\frac{\mathrm{d}w}{\mathrm{d}x}\frac{\mathrm{d}w'}{\mathrm{d}x} - \frac{1}{2}\left(\frac{\mathrm{d}w'}{\mathrm{d}x}\right)^2 \right] \right\} \mathrm{d}x$$
$$- (w_0'-w_0)(V_0'+V) + \left[\left(\frac{\mathrm{d}w'}{\mathrm{d}x}\right)_0 - \left(\frac{\mathrm{d}w}{\mathrm{d}x}\right)_0 \right](M_0'+M_0)$$
$$- (u_0'-u_0)(N_0'+N_0)$$

(7.44)

对 $\prod_{\mathrm{gsp}}'$ 取 u'、w'、α、β、γ 的变分驻值，则得欧拉方程为式(7.25)、式(7.26)和自然边界条件式(7.27)～式(7.29)。

与图7.2相对应的位移边界条件为式(7.30)～式(7.32)及下式：

$$\frac{\mathrm{d}B(M')}{\mathrm{d}M'} = -\frac{\mathrm{d}^2 w'}{\mathrm{d}x^2}$$

(7.45)

$$\frac{\mathrm{d}B(N')}{\mathrm{d}N'} = \frac{\mathrm{d}u'}{\mathrm{d}x} + \frac{1}{2}\left(\frac{\mathrm{d}w'}{\mathrm{d}x}\right)^2$$

(7.46)

应用加权余量法于式(7.45)、式(7.46)和式(7.30)～式(7.32)，则得：

$$\delta\prod_{\mathrm{sc}}' = \int_0^l \left\{ \left[\frac{\mathrm{d}B(M')}{\mathrm{d}M'} + \frac{\mathrm{d}^2 w'}{\mathrm{d}x^2} \right]\delta M' + \left[\frac{\mathrm{d}B(N')}{\mathrm{d}N'} - \frac{\mathrm{d}u'}{\mathrm{d}x} - \frac{1}{2}\left(\frac{\mathrm{d}w'}{\mathrm{d}x}\right)^2 \right]\delta N' \right\} \mathrm{d}x$$
$$- (w_0'-w_0)\delta V_0' - \left[\left(\frac{\mathrm{d}w'}{\mathrm{d}x}\right)_0 - \left(\frac{\mathrm{d}w}{\mathrm{d}x}\right)_0 \right]\delta M_0' - (u_0'-u_0)\mathrm{d}N' = 0$$

(7.47)

可推得：

$$\int_0^l (w'-w)\delta\left[\frac{d^2 M'}{dx^2} + \frac{d}{dx}\left(N'\frac{dw'}{dx}\right) - q\right]dx = 0 \tag{7.48}$$

$$\int_0^l (u'-u)\delta\frac{dN'}{dx}dx = 0 \tag{7.49}$$

$$\delta\prod_{sc}' = \int_0^l \left\{\left[\frac{dB(M')}{dM'} + \frac{d^2 w'}{dx^2}\right]\delta M' + \left[\frac{dB(N')}{dN'} - \frac{du'}{dx} - \frac{1}{2}\left(\frac{dw'}{dx}\right)^2\right]\delta N'\right\}dx$$

$$- (w_0'-w_0)\delta V_0' + \left[\left(\frac{dw'}{dx}\right)_0 - \left(\frac{dw}{dx}\right)_0\right]\delta M_0' - (u_0'-u_0)\delta N_0'$$

$$-\int_0^l (w'-w)\delta\left[\frac{d^2 M'}{dx^2} + \frac{d}{dx}\left(N'\frac{dw'}{dx}\right) - q\right]dx - \int_0^l (u'-u)\delta\frac{dN'}{dx}dx = 0 \tag{7.50}$$

可见：

$$-\int_0^l w'\delta\left[\frac{d^2 M'}{dx^2} + \frac{d}{dx}\left(N'\frac{dw'}{dx}\right) - q\right]dx = w_0'\delta Q_0' - \left(\frac{dw'}{dx}\right)_0\delta M_0'$$

$$-\int_0^l \frac{d^2 w'}{dx^2}\delta M_0' dx + w_0'\delta\left(N'\frac{dw'}{dx}\right)_0 + \int_0^l \frac{dw'}{dx}\delta\left(N'\frac{dw'}{dx}\right)dx \tag{7.51}$$

$$-\int_0^l w\delta\left[\frac{d^2 M'}{dx^2} + \frac{d}{dx}\left(N'\frac{dw'}{dx}\right) - q\right]dx = -w_0\delta Q_0' + \left(\frac{dw'}{dx}\right)_0\delta M_0'$$

$$+\int_0^l \frac{d^2 w'}{dx^2}\delta M' dx - w_0\delta\left(N'\frac{dw'}{dx}\right)_0 - \int_0^l \frac{dw}{dx}\delta N'\frac{dw'}{dx}dx \tag{7.52}$$

$$-\int_0^l u'\delta\frac{dN'}{dx}dx = u_0'\delta N_0' + \int_0^l \frac{du'}{dx}\delta N' dx \tag{7.53}$$

$$\int_0^l u\delta\frac{dN'}{dx}dx = -u_0\delta N_0' - \int_0^l \frac{du}{dx}\delta N' dx \tag{7.54}$$

将式（7.53）～式（7.54）代入式（7.50）中，可以得到：

$$\delta\prod_{sc}' = \int_0^l \left\{\delta\left[B(M'+N') + \frac{1}{2}N'\left(\frac{dw'}{dx}\right)^2\right] + \frac{d^2 w}{dx^2}\delta M' - \frac{du}{dx}\delta N' - \frac{dw}{dx}\delta N'\frac{dw'}{dx}\right\}dx = 0 \tag{7.55}$$

于是可得大挠度直梁弹塑性变形-回弹反耦联系统的回弹总余能为：

$$\prod_{sc}' = \int_0^l \left\{\left[B(M'+N') + \frac{1}{2}N'\left(\frac{dw'}{dx}\right)^2\right] - (KM'+\varepsilon N')\right.$$

$$\left. + \frac{1}{2}N'\left(\frac{dw}{dx}\right)^2 - N'\frac{dw}{dx}\frac{dw'}{dx}\right\}dx = 0 \tag{7.56}$$

对上式取 M'、N'、u'、w' 的变分驻值，则得欧拉方程式（7.25）、式（7.26）以及自然边界条件式（7.30）～式（7.32）。由上述推导过程可知，回弹势能原理为极值原理，而回弹余能原理为驻值原理。

前面的余能原理是在平衡方程式（7.25）、式（7.26）及静力边界条件式（7.27）～式（7.29）约束下的条件变分问题。为消除这些约束条件，应用拉格朗日乘子法于总余能式（7.55）构成一新的泛函为：

$$\prod{}'^{*}_{\text{gsc}} = \int_0^l \left\{ \left[B(M'+N') + \frac{1}{2}N'\left(\frac{\mathrm{d}w'}{\mathrm{d}x}\right)^2 \right] - (KM'+\varepsilon N') + \frac{1}{2}N'\left(\frac{\mathrm{d}w'}{\mathrm{d}x}\right)^2 - N'\frac{\mathrm{d}w}{\mathrm{d}x}\frac{\mathrm{d}w'}{\mathrm{d}x} \right\} \mathrm{d}x$$
$$+ \int_0^l \left[\frac{\mathrm{d}^2M'}{\mathrm{d}x^2} + \frac{\mathrm{d}}{\mathrm{d}x}\left(N'\frac{\mathrm{d}w'}{\mathrm{d}x}\right) + \frac{\mathrm{d}^2M}{\mathrm{d}x^2} + \frac{\mathrm{d}}{\mathrm{d}x}\left(N\frac{\mathrm{d}w}{\mathrm{d}x}\right) \right] \xi \mathrm{d}x + \int_0^l \left(\frac{\mathrm{d}N'}{\mathrm{d}x} + \frac{\mathrm{d}N}{\mathrm{d}x} \right) \eta \mathrm{d}x$$
$$+ (M'_1+M_1)\gamma - \left[Q'_1 + N'\left(\frac{\mathrm{d}w'}{\mathrm{d}x}\right)_1 + Q_1 + N\left(\frac{\mathrm{d}w}{\mathrm{d}x}\right)_1 \right]\tau - (N'_1+N_1)\theta \quad (7.57)$$

式中，ξ、η、γ、τ 和 θ 是新引进的拉格朗日乘子。

$$\prod{}'_{\text{gsc}} = \int_0^l \left\{ \left[B(M'+N') + \frac{1}{2}N'\left(\frac{\mathrm{d}w'}{\mathrm{d}x}\right)^2 \right] - (KM'+\varepsilon N') + \frac{1}{2}N'\left(\frac{\mathrm{d}w'}{\mathrm{d}x}\right)^2 - N'\frac{\mathrm{d}w}{\mathrm{d}x}\frac{\mathrm{d}w'}{\mathrm{d}x} \right\} \mathrm{d}x$$
$$+ \int_0^l \left[\frac{\mathrm{d}^2M'}{\mathrm{d}x^2} + \frac{\mathrm{d}}{\mathrm{d}x}\left(N'\frac{\mathrm{d}w'}{\mathrm{d}x}\right) + \frac{\mathrm{d}^2M}{\mathrm{d}x^2} + \frac{\mathrm{d}}{\mathrm{d}x}\left(N\frac{\mathrm{d}w}{\mathrm{d}x}\right) \right] (w'-w)\mathrm{d}x$$
$$+ \int_0^l \left(\frac{\mathrm{d}N'}{\mathrm{d}x} + \frac{\mathrm{d}N}{\mathrm{d}x} \right)(u'-u)\mathrm{d}x + (M'_1+M_1)\left[\left(\frac{\mathrm{d}w'}{\mathrm{d}x}\right)_1 - \left(\frac{\mathrm{d}w}{\mathrm{d}x}\right)_1 \right]$$
$$- \left[Q'_1 + N'\left(\frac{\mathrm{d}w'}{\mathrm{d}x}\right)_1 + Q_1 + N\left(\frac{\mathrm{d}w}{\mathrm{d}x}\right)_1 \right](w'_1-w_1)$$
$$- (N'_1+N_1)(u'_1-u_1) \quad (7.58)$$

式（7.58）为广义回弹余能。取 $\prod{}'^{*}_{\text{gsc}}$ 对 M'、N'、u'、w' 的变分驻值，则得欧拉方程式为：

$$\frac{\mathrm{d}B(M')}{\mathrm{d}M'} = -\frac{\mathrm{d}^2w'}{\mathrm{d}x^2} \quad (7.59)$$

$$\frac{\mathrm{d}B(N')}{\mathrm{d}N'} = \frac{\mathrm{d}u'}{\mathrm{d}x} + \frac{1}{2}\left(\frac{\mathrm{d}w'}{\mathrm{d}x}\right)^2 \quad (7.60)$$

$$\frac{\mathrm{d}^2M'}{\mathrm{d}x^2} + \frac{\mathrm{d}}{\mathrm{d}x}\left(N'\frac{\mathrm{d}w'}{\mathrm{d}x}\right) + \frac{\mathrm{d}^2M}{\mathrm{d}x^2} + \frac{\mathrm{d}}{\mathrm{d}x}\left(N\frac{\mathrm{d}w}{\mathrm{d}x}\right) = 0 \quad (7.61)$$

$$\frac{\mathrm{d}N'}{\mathrm{d}x} + \frac{\mathrm{d}N}{\mathrm{d}x} = 0 \quad (7.62)$$

自然边界条件为：

$$M'_1 + M_1 = 0 \quad (7.63)$$

$$Q'_1 + N'\left(\frac{\mathrm{d}w'}{\mathrm{d}x}\right)_1 + Q_1 + N\left(\frac{\mathrm{d}w}{\mathrm{d}x}\right)_1 = 0 \quad (7.64)$$

$$N_1 + N'_1 = 0 \quad (7.65)$$

$$w'_0 - \overline{w}_0 = 0 \quad (7.66)$$

$$\left(\frac{\mathrm{d}w'}{\mathrm{d}x}\right)_0 - \left(\frac{\mathrm{d}\overline{w}}{\mathrm{d}x}\right)_0 = 0 \quad (7.67)$$

$$u'_0 - \overline{u}_0 = 0 \quad (7.68)$$

求解过程中将 M'、N'、u'、w'、ξ、η、γ、τ 和 θ 均视为变分驻值，可以识别出：

$$\xi = w' - w, \eta = u' - u, \gamma = \left(\frac{\mathrm{d}w'}{\mathrm{d}x}\right)_1 - \left(\frac{\mathrm{d}w}{\mathrm{d}x}\right)_1, \tau = w_1' - w_1, \theta = u_1' - u_1 \quad (7.69)$$

大挠度直梁弹塑性变形-回弹反耦联系统的回弹总势能泛函可以进一步表示为：

$$\prod{}'_{sp} = \int_0^l \left\{ \frac{1}{2} EI \left(\frac{\mathrm{d}^2 w'}{\mathrm{d}x^2}\right)^2 + \frac{1}{2} EA \left[\frac{\mathrm{d}u'}{\mathrm{d}x} + \frac{1}{2}\left(\frac{\mathrm{d}w'}{\mathrm{d}x}\right)^2\right]^2 \right.$$

$$\left. + M(x) \frac{\mathrm{d}^2 w'}{\mathrm{d}x^2} + N' \frac{\mathrm{d}u'}{\mathrm{d}x} + N \frac{\mathrm{d}w}{\mathrm{d}x} \frac{\mathrm{d}w'}{\mathrm{d}x} \right\} \mathrm{d}x \quad (7.70)$$

式中，l 为绕组跨长；E 为绕组弹性模量；I 为绕组截面惯性矩和截面面积；$M(x)$ 为绕组截面弯矩；w' 为绕组回弹变形挠度；u' 为绕组回弹变形位移。

考虑单元节点间转角连续性及计算变形需要，单元内位移 f 包括挠度 w 及位移 u 的插值表示为：

$$f = \begin{pmatrix} u \\ w \end{pmatrix} = \begin{pmatrix} H_{\mathrm{u}}(\xi) \\ H_{\mathrm{v}}(\xi) \end{pmatrix} Aa^{\mathrm{e}} = Na^{\mathrm{e}} \quad (7.71)$$

将回弹直梁用单元离散，并将式(7.71)代入泛函式(7.70)，取变分 $\delta \prod{}'^{*}_{sp} = 0$，得到有限元求解方程：

$$F - K_{\mathrm{T}} \delta a = 0 \quad (7.72)$$

式中，F 为外力矢量之和；K_{T} 为切线刚度矩阵。

由式(7.72)可以看出，刚度矩阵为位移的函数，此方程有非线性解，属于几何非线性求解问题，采用牛顿-拉弗森迭代法对其进行求解。具体步骤如下。

① 先用线性弹性解作为 a 的第一次近似值 a_1。

② 计算 F 及切线刚度矩阵 K_{T}。

③ 通过式(7.72)算得节点位移增量：

$$\delta a = -K_{\mathrm{T}}^{-1} F \quad (7.73)$$

进一步得到第二次节点位移近似值：

$$a_2 = a_1 + \delta a \quad (7.74)$$

重返回步骤②，重复迭代步骤，直到 δa 足够小为止。

7.2.2 残余变形

本节针对变压器在冲击载荷卸载后绕组不同线规的残余变形进行了详细的计算与分析。目的在于理解短路冲击后绕组的残余变形情况，这对于评估变压器的健康状况和预测其未来的可靠性至关重要。

利用上一节介绍的弹塑性大挠度数值方法，计算了绕组在发生弹塑性变形后的节点位移。这一步骤涉及考虑材料的非线性特性和大挠度效应，以确保计算结果的准确性。应用弹塑性变形-回弹反耦联数值方法求解冲击载荷卸载后的节点回弹位移。最后，将弹塑性变形后的节点位移与回弹位移相减，得到了绕组遭受短路冲击后的残余变形。

对于截面高度 h 为 2mm 的绕组线规，研究了跨长 l 在 30～300mm 范围内，以及截面厚度 d 在 3～15mm 范围内的不同线规。表 7.1 提供了在这些参数范围内冲击载荷卸载后绕组的残余变形计算结果，而图 7.3 和图 7.4 分别展示了残余变形随不同截面厚度和跨长变化的关系曲线族。

表 7.1　绕组截面高度为 2mm 时在不同跨长与截面厚度下的残余变形

单位：mm

截面厚度 d 跨长 l	3	5	7	9	11	13	15
30	0.000	0.000	0.000	0.000	0.000	0.000	0.000
60	0.000	0.000	0.000	0.000	0.000	0.000	0.000
90	0.000	0.000	0.000	0.000	0.000	0.000	0.000
120	0.000	0.000	0.000	0.000	0.000	0.000	0.000
150	0.000	0.000	0.000	0.000	0.000	0.000	0.000
180	0.000	0.000	0.000	0.000	0.000	0.000	0.000
210	0.000	0.000	0.000	0.000	0.000	0.000	0.000
240	0.570	0.123	0.045	0.021	0.012	0.006	0.006
270	1.620	0.351	0.129	0.060	0.033	0.021	0.012
300	3.333	0.720	0.261	0.123	0.069	0.042	0.027

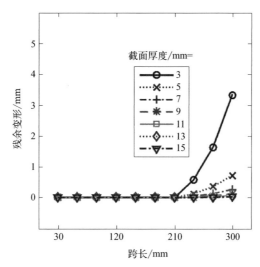

图 7.3　截面高度 2mm 时在不同跨长下残余变形随不同截面厚度变化的关系曲线族

根据图 7.3 和图 7.4 的分析结果，我们可以得出以下结论。

图 7.3 分析结果：

① 当绕组截面高度 h 固定为 2mm，且跨长 l 在 30～210mm 区间内时，无论截面厚度 d 为 3～15mm 的哪个数值，绕组在冲击载荷作用下未发生塑性变形，因此无残余变形。

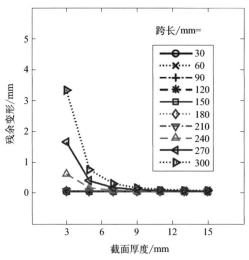

图 7.4　截面高度 2mm 时在不同截面厚度下残余变形随不同跨长变化的关系曲线族

② 当绕组跨长 l 超过 210mm 后，绕组开始出现残余变形。截面厚度 d 在 9～15mm 的区间内，残余变形不明显，这表明较厚的截面能够较好地抵抗塑性变形。

③ 在截面厚度 d 在 3～9mm 的区间内，随着截面厚度的减小，残余变形在长跨长下递增明显，这说明较薄的截面在长跨长下更容易产生较大的残余变形。

图 7.4 分析结果：

① 在截面厚度 d 固定为 2mm 的情况下，随着跨长 l 的增大，残余变形增幅明显，这表明跨长的增加会导致绕组在冲击载荷后的残余变形增加。

② 特别地，当绕组跨长 l 为 300mm、截面厚度 d 为 3mm 时，残余变形量达到 3.333mm，这是在给定条件下的最大残余变形量，反映了在这种情况下绕组的稳定性和抗变形能力较弱。

对于截面厚度 d 为 3mm 的绕组线规，在跨长 l 范围为 30～300mm、截面高度 h 范围为 3～15mm 的条件下，冲击载荷卸载后，绕组的残余变形情况被详细计算并记录在表 7.2 中。这些数据提供了在不同设计参数下绕组残余变形的具体数值，有助于理解这些参数对绕组稳定性的影响。图 7.5 展示了残余变形随不同跨长和截面高度变化的关系曲线族。

图 7.5 分析结果：

① 当绕组截面厚度 d 固定为 3mm 时，在跨长 l 的 30～210mm 区间内，无论截面高度 h 是 3～15mm 的哪个数值，绕组在冲击载荷卸载后均无残余变形，即绕组能够回弹到初始位置。这表明在这个跨长范围内，绕组的弹塑性变形较小，且在卸载后能够完全恢复。

② 然而，当跨长 l 增加到 210～300mm 区间内时，对于截面高度 h 在 3～15mm 的区间，随着截面高度的减小，残余变形递增明显。这说明在较长跨长下，较低的截面高度更容易产生较大的残余变形，从而影响绕组的稳定性。

图 7.6 展示了在不同截面高度下，绕组残余变形随跨长变化的关系曲线族。

表 7.2　绕组截面厚度为 3mm 时在不同跨长与截面高度下的残余变形

单位：mm

截面高度 h 跨长 l	3	6	9	12	15
30	0.000	0.000	0.000	0.000	0.000
60	0.000	0.000	0.000	0.000	0.000
90	0.000	0.000	0.000	0.000	0.000
120	0.000	0.000	0.000	0.000	0.000
150	0.000	0.000	0.000	0.000	0.000
180	0.000	0.000	0.000	0.000	0.000
210	0.000	0.000	0.000	0.000	0.000
240	0.189	0.096	0.063	0.048	0.039
270	0.540	0.270	0.180	0.135	0.108
300	1.110	0.555	0.369	0.279	0.222

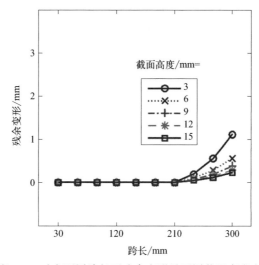

图 7.5　截面厚度 3mm 时在不同跨长下残余变形随不同截面高度变化的关系曲线族

图 7.6 分析结果：

① 当绕组截面厚度 d 为 3mm 时，可以观察到在相同截面高度下，随着跨长 l 的增加，绕组的残余变形呈现递增趋势。这表明较长的跨长会导致绕组在短路冲击后的残余变形增加，从而可能影响变压器的性能和可靠性。

② 特别地，当跨长 l 为 300mm 且截面高度 h 为 3mm 时，绕组的残余变形量为 1.11mm。这个值提供了一个具体的量化指标，表明在这些特定条件下绕组可能保留的永久变形量。

对于跨长 l 固定为 300mm 的绕组线规，表 7.3 列出了在不同截面厚度 d 和截面高度 h 下的残余变形计算结果。图 7.7 展示了绕组在不同截面高度下残余变形随不同

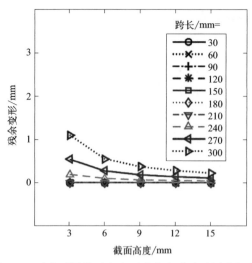

图 7.6　截面厚度 3mm 时在不同截面高度下残余变形随不同跨长变化的关系曲线族

厚度变化的关系曲线族。图 7.8 展示了在不同截面厚度下残余变形随不同高度变化的关系曲线族。

表 7.3　绕组跨长为 300mm 时在不同截面厚度与高度下的残余变形计算结果

单位：mm

截面厚度 d 高度 h	3	5	7	9	11	13	15
3	1.110	0.240	0.087	0.042	0.024	0.015	0.009
6	0.555	0.120	0.045	0.021	0.012	0.006	0.003
9	0.369	0.081	0.030	0.015	0.009	0.006	0.003
12	0.279	0.060	0.021	0.009	0.006	0.003	0.003
15	0.222	0.048	0.018	0.009	0.006	0.003	0.003

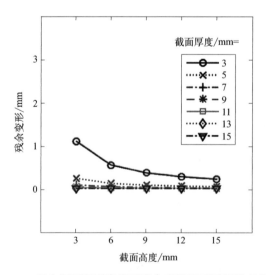

图 7.7　跨长 300mm 时在不同截面高度下残余变形随不同厚度变化的关系曲线族

—————— 电力变压器故障冲击电磁热力耦合分析

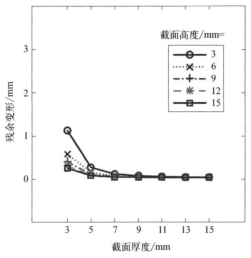

图 7.8 跨长为 300mm 时在不同截面厚度下绕组残余变形随不同高度变化的曲线族

根据图 7.7 和图 7.8，我们可以得出以下结论。

① 残余变形的消失：当绕组的截面高度 h 超过 12mm，且截面厚度 d 超过 9mm 时，绕组在跨长 l 为 300mm 的条件下几乎不产生残余变形。这表明在这些尺寸参数下，绕组具有较好的抗变形能力，能够在冲击载荷卸载后恢复到初始状态。

② 截面厚度和高度的影响：在截面高度 h 的 3～12mm 区间内，以及截面厚度 d 的 3～9mm 区间内，残余变形随着截面厚度的增加而减小，同样地，随着截面高度的增加，残余变形也减小。这意味着增加截面厚度和高度可以有效降低绕组的残余变形。

③ 截面厚度与高度的比较：在截面高度 h 为 3mm 时，当截面厚度 d 为 3mm 时的残余变形量大约是 d 为 15mm 时的 123 倍。而在截面厚度 d 为 3mm 时，h 为 3mm 时的残余变形量仅为 h 为 15mm 时的 5 倍。这一比较说明，截面厚度对绕组残余变形的影响大于截面高度产生的影响。

7.3 变压器多次故障冲击绕组变形计算

7.3.1 残余应力计算

变压器绕组在经历弹塑性变形后，其内部会产生大小不等的残余应力。这些残余应力对变压器的长期性能和稳定性具有重要影响。当变压器再次遭受冲击时，残余应力会与新的载荷引起的应力相叠加，可能导致绕组中的某些部位在较低的载荷水平下就达到屈服强度，并开始发展塑性变形。这种现象不仅降低了绕组的强度，也减少了其稳定性，从而增加了变压器损坏的风险。

在研究大型变压器在多次故障冲击工况下的绕组累积效应时,残余应力的影响是一个必须考虑的关键因素。残余应力的存在意味着变压器绕组可能在整体失稳前就已经进入了弹塑性阶段。在这种情况下,需要同时考虑几何非线性和材料非线性两种非线性效应,这给理论分析带来了极大的挑战。由于理论上很难给出考虑双重非线性影响的构件极限强度的闭合解,因此通常需要借助数值方法来求取近似解。

在整个过程中,残余应力的内部平衡必须满足截面上的静力之和为零的条件,这是静力学平衡的基本要求。这一条件确保了残余应力在没有外部载荷作用时不会引发额外的变形。

$$\int_0^{h/2} \sigma_r y^2 \mathrm{d}y = 0 \tag{7.75}$$

残余应力、应变函数关系式为:

$$\sigma_r = \begin{cases} \sigma_s - E\dfrac{y}{\rho_u}, & h/2 \geqslant y > \xi h/2 \\ \sigma_s \dfrac{y}{\xi h/2} - E\dfrac{y}{\rho_u}, & \xi h/2 \geqslant |y| > -\xi h/2 \\ -\sigma_s - E\dfrac{y}{\rho_u}, & -\xi h/2 \geqslant y > -h/2 \end{cases} \tag{7.76}$$

$$\varepsilon_p = \begin{cases} \varepsilon_s - \dfrac{y}{\rho_u}, & h/2 \geqslant y > \xi h/2 \\ \varepsilon_s \dfrac{y}{\xi h/2} - \dfrac{y}{\rho_u}, & \xi h/2 \geqslant |y| > -\xi h/2 \\ -\varepsilon_s - \dfrac{y}{\rho_u}, & -\xi h/2 \geqslant y > -h/2 \end{cases} \tag{7.77}$$

7.3.2 绕组累积变形计算

变压器绕组的累积效应涉及绕组材料的力学特性、电磁力载荷以及冲击次数等多个方面。选取一台具体的在运变压器(SFSZ-40,000kVA/110kV 型)作为研究对象,探讨电流的峰值和冲击次数等因素对变压器绕组强度的影响。

案例中变压器的运行方式为高压(HV)额定分接至中压(MV)运行,低压(LV)开路。在高压侧三相同时供电、高压中性点接地的情况下,中压侧三相短路并接地。在这样的配置下,对内绕组在不同电流激励作用下(60%、80%、100%短路电流)进行了累积变形研究。短路电流加载次数设定为 5 次,周期时间为 0.02s,峰值持续时间为 0.002s。通过这些设定,得到了在不同电流激励作用下的绕组弹塑性变形云图(图 7.9),以及绕组残余变形分布规律(图 7.10)。弹塑性变形云图揭示了绕组在不同短路电流激励下的整体变形情况,而残余变形分布规律则展示了在这些激励下绕组各部分的残余变形情况。

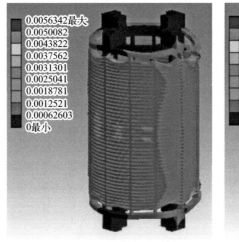

(a) 60%短路电流   (b) 80%短路电流

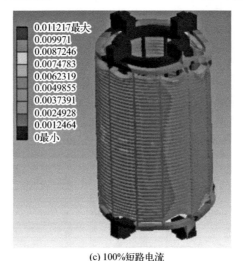

(c) 100%短路电流

图 7.9　弹塑性变形云图

图 7.10 分析结果：

① 60％短路电流：在 60％短路电流加载下，绕组的最大变形量超过 0.05mm，但短路结束后，绕组的残余变形为 0。这表明在该电流峰值下，多次短路冲击并未在绕组上造成累积变形，即绕组在每次短路后都能恢复到原始状态，没有发生永久变形。

② 80％短路电流：在 80％短路电流加载下，绕组在第 1 次短路冲击后就开始出现残余变形。经过 5 次冲击后，累积变形量达到 0.6mm。每次短路冲击后的累积变形呈线性增加，说明随着短路次数的增加，绕组的残余变形也在逐渐累积。

③ 100％短路电流：在 100％短路电流加载下，经过 5 次短路冲击，绕组的累积变形达到 2.4mm。这表明在较大的短路电流峰值下，绕组的累积变形显著增加，且随着短路次数的增加，累积变形持续增大。

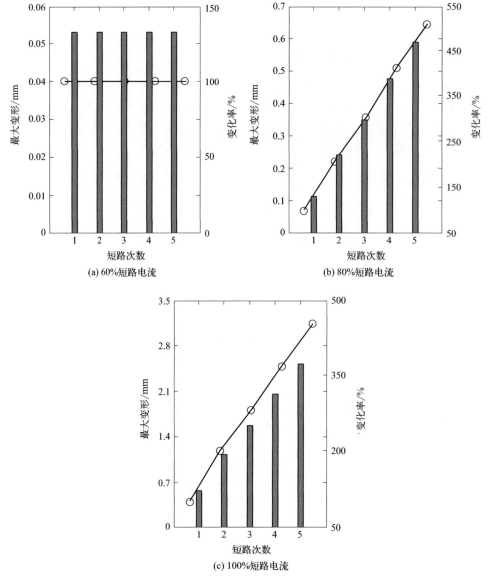

(a) 60%短路电流

(b) 80%短路电流

(c) 100%短路电流

图 7.10 不同短路电流下的绕组变形规律

图 7.11 和图 7.12 分别展示了在不同的短路电流激励下，绕组残余变形沿周向的分布规律呈现出特定的模式。随着短路冲击次数的增加（如图 7.12 所示的 12 次短路），可以观察到累积变形的变化趋势。

根据图 7.11 和图 7.12，我们可以得出以下结论。

① 60%短路电流工况：在这一较低的冲击载荷下，由于载荷较小，绕组沿圆周方向跨度任意位置的残余变形均为 0。这意味着在这种工况下，绕组能够在每次短路冲击后恢复到其原始状态，没有发生永久变形。

② 冲击载荷增大和短路次数增加：随着冲击载荷的增大和短路次数的增加，绕组的残余变形也随之增大。这表明在更高的载荷水平和更频繁的短路冲击下，绕组更有可能发生累积变形。

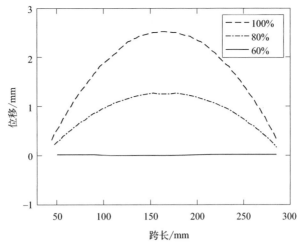

图 7.11　5 次短路下残余变形规律

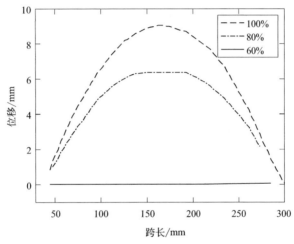

图 7.12　12 次短路下残余变形规律

③ 冲击载荷峰值的影响：冲击载荷峰值越大，绕组的残余变形周向分布的差异越大。这意味着不同位置的绕组可能会因为载荷分布的不均匀性而表现出不同程度的残余变形。

进一步地，通过讨论单匝线饼在不同跨长 l 和撑条宽度 t 下的变形规律，我们可以更详细地理解绕组的变形行为。在设置绕组跨长 l 范围为 $64\sim128\text{mm}$，对应的圆周方向撑条个数范围为 $16\sim32$ 个，单个撑条宽度 t 在 $10\sim20\text{mm}$ 之间，并施加 3MPa 的载荷，加载次数为 5 次的情况下，通过仿真计算得到的绕组累积变形量见表 7.4。

表 7.4　3MPa 载荷下的绕组累积变形　　　　　　　　　　　　单位：mm

撑条宽度 t 跨长 l	20	18	16	14	12
64	0.12	0.13	0.14	0.16	0.18
73	0.17	0.19	0.22	0.25	0.29

撑条宽度 t / 跨长 l	20	18	16	14	12
85	0.31	0.34	0.39	0.45	0.52
102	0.62	0.74	0.85	1.01	1.21
128	2.58	5.32	8.66	—	—

由表 7.4 的数据可知。

① 撑条宽度对累积变形的影响：在跨长保持不变的情况下，撑条宽度越小，绕组的累积变形越大。这表明撑条宽度对于控制绕组的变形具有重要作用，较宽的撑条能够更有效地限制变形的发生。此外，累积变形的增长趋势基本呈线性且较为平缓，说明在这一条件下，变形与撑条宽度之间的关系相对稳定。

② 撑条个数对累积变形的影响：对于具有相同宽度的撑条，当撑条个数从 32 个减少到 16 个时，绕组在圆周方向的跨长增大，导致绕组累积变形量迅速增加。这种变化率远远大于仅由撑条宽度变化引起的变化率，说明撑条个数的减少对绕组变形的影响更为显著。

③ 累积变形的显著增加：当撑条个数减少到 16 个，且跨长为 128mm 时，绕组累积变形出现突然增大的情况。在这种情况下，撑条宽度为 16mm 时，绕组累积变形达到 8.66mm，这是一个相对较大的变化量，表明绕组的稳定性已经受到严重影响。

④ 绕组失稳：进一步减小撑条宽度至 14mm，在 3MPa 的载荷下经过 5 次短路冲击后，绕组发生了失稳。这一结果表明，在撑条宽度和个数减少到一定程度时，绕组可能无法承受重复的短路冲击，导致结构失稳。

7.3.3 测量试验

为了验证大挠度弹塑性变形-回弹理论的正确性，进行变压器绕组的测量实验是一种重要的实践。通过实验，可以收集实际数据来与理论预测结果进行比较，从而评估理论模型的准确性和适用性。在本实验中，选取的变压器绕组参数如下。

① 跨长：两跨间长度 l 为 300mm。这是一个相对较长的跨长，可能会导致较大的挠度和弹塑性变形。

② 截面尺寸：截面高度 h 为 3mm，截面厚度 d 为 3mm，截面为正方形截面。这些尺寸参数对于绕组的刚度和强度有直接影响。

③ 表面处理：绕组表面进行了抛光处理。这种处理可以减少表面缺陷，提高绕组的表面质量，对于实验结果的准确性是有益的。

④ 铜绕组参数：具体的铜绕组参数见表 7.5，这些参数包括但不限于材料的弹性模量、屈服强度、泊松比等，对于理解和预测绕组的弹塑性行为至关重要。

在实验过程中，可能会采用多种测量技术来监测绕组在受力过程中的变形情况，如应变片、位移传感器或高速摄像机等。通过施加控制的载荷并记录绕组的响应，可以获得关于绕组在实际工况下的变形和回弹行为的详细信息。

表 7.5　绕组参数

项目	数值
弹性模量/MPa	115000
泊松比	0.325
密度/(kg/m³)	8.9

在这个实验中，变压器绕组的弹塑性变形-回弹特性通过液压式压力试验机进行测试。实验的目的是验证大挠度弹塑性变形-回弹理论，并获取绕组在实际载荷作用下的变形和回弹行为的实验数据。以下是实验的关键步骤和配置。

① 绕组的边界条件：绕组两端为铰支，这种设置模拟了绕组在实际变压器中可能的支撑条件。

② 载荷施加：载荷通过电液伺服压力试验机施加，试验机的测控系统能够精确控制和读取载荷值。

③ 位移测量：绕组跨中的位移采用百分表（图 7.13）测定，以获得绕组在加载过程中的位移变化数据。

④ 应变测量：由于绕组的对称性，应变片仅布置在左侧的主要受压力变形点。应变片的规格为标距 3mm×3mm，阻值 $R=120\Omega$，灵敏系数 $K=2$。

⑤ 数据采集：使用静态应变仪采集分析系统进行数据记录。应变片在安装和调试后，通过单向施加集中载荷 P 进行加载。加载和卸载的速度分别控制在 0.05mm/s 和 2mm/s。

⑥ 加载过程：在加载过程中，随着载荷的增加，跨中位移不断加大。当载荷达到 4kN 时，载荷的增速明显减小且变得缓慢。当载荷增至 6.5kN 时，记录数据并开始卸载。

⑦ 数据记录：每次加、卸载作用完毕并稳定后，停留 5 分钟用于记录数据。这可以捕捉到绕组在稳态条件下的变形和回弹行为。

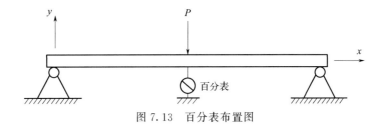

图 7.13　百分表布置图

通过采用大挠度弹塑性变形-回弹数值方法对算例进行分析，并将绕组划分为 8 个单元共 9 个节点，可以求得各节点的残余变形。这种方法的准确性通过与 Ansys 有限元程序法和实际试验测量结果的比较得到了验证。

在表 7.6 中，汇总了三种方法得到的残余变形值，而在图 7.14 中，展示了这些计算结果的对照。从图中可以观察到，试验测量得到的曲线与采用基于势能原理的大挠度弹塑性变形-回弹数值方法的计算结果基本一致，最大误差仅为 4.6%。相比之下，Ansys 有限元程序法计算得到的结果与试验值之间的最大误差达到了 7%。这一比较结果表明，本文所采用的大挠度弹塑性变形-回弹数值方法在预测绕组残余变形方面更为准确。

表 7.6 最大残余变形对比表　　　　　　　　　　单位：mm

节点距离	残余应变		
	弹塑性变形-回弹数值方法	Ansys 有限元程序法	试验值
30	0.61	0.59	0.76
60	1.15	1.13	1.23
90	1.60	1.57	1.66
120	1.91	1.87	2.01
150	2.03	1.98	2.13
180	1.91	1.87	2.01
210	1.60	1.57	1.66
240	1.15	1.13	1.23
270	0.61	0.59	0.76

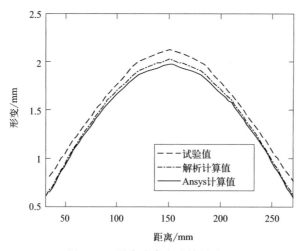

图 7.14 最大残余变形结果对比

综上所述，在弹塑性变形-回弹研究工作方面，基于大挠度弹塑性变形-回弹变分原理，采用数值方法对多次短路工况下的绕组弹塑性变形-回弹问题进行了研究。研究结果揭示了冲击载荷卸载后绕组在不同跨长、截面高度及厚度下的残余变形分布规律。发现在特定的跨长和截面尺寸范围内，绕组无明显残余变形，而在其他范围内，残余变形随跨长的增大而增大，随截面厚度和高度的增加而减小。这一发现指出，减小绕组跨长和增大绕组横截面尺寸可以有效提高绕组强度。

从累积变形变化规律中我们可以看出，以产品级变压器为例，不同短路工况以及短路次数下绕组累积变形的变化规律，以及撑条个数和宽度对变压器绕组强度的影响的结果表明，只有在冲击载荷足够大时，多次短路冲击后绕组才会产生累积变形，且短路次数越多，累积变形越大。此外，撑条作为绕组的支撑结构，可对绕组残余变形产生重要影响，通过增加撑条数目和宽度可以有效减小残余变形，从而提高绕组强度。

参考文献

[1] 张博. 多次短路冲击条件下的大型变压器绕组强度与稳定性研究 [D]. 沈阳：沈阳工业大学，2016.

[2] 王欢. 大型变压器多次短路工况下的电磁特性与绕组累积效应研究 [D]. 沈阳：沈阳工业大学，2018.

第8章

电力变压器绕组层间强度问题机器学习方法

8.1 概述

层间强度损坏是变压器故障中较为常见的一种,它可能由多种因素引起,包括以下几点。

① 绕组铜线表面处理不当:在变压器制造过程中,如果绕组铜线的表面打磨不够精细,可能会留下锋利的边缘或凸起,这些缺陷在电磁力的作用下可能导致绝缘层损伤,进而引发匝间短路。

② 缠绕线圈工艺不佳:如果线圈缠绕工艺不佳,可能会导致线圈间的压力不均或线圈内部的摩擦增加,长期运行可能导致绝缘层磨损,增加匝间短路的风险。

③ 运行中的电、热和机械应力:变压器在运行过程中,会受到电磁力、热膨胀力和机械负载等因素的影响,这些力的作用可能导致绕组变形或位移,从而损伤绝缘层,引起匝间短路。

④ 绝缘老化:变压器长期运行,绝缘材料会逐渐老化,绝缘性能下降,增加了匝间短路的可能性。

变压器的磁通主要由主磁通和漏磁通两部分组成,在单相双绕组变压器负载运行时,磁通回路如图 8.1 所示,主磁通通过铁芯形成闭合回路,而漏磁通则在绕组之间和绕组与铁芯之间形成闭合回路。

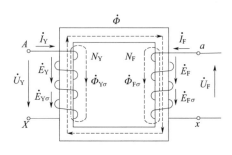

图 8.1 单相变压器的负载运行

图 8.1 中，主磁通为 $\dot{\Phi}$，原、副边绕组漏磁通分别是 $\dot{\Phi}_{Y\sigma}$ 和 $\dot{\Phi}_{F\sigma}$，主磁通和漏磁通感应的电动势为 $\dot{E}_Y$、$\dot{E}_F$ 和 $\dot{E}_{Y\sigma}$、$\dot{E}_{F\sigma}$，变压器原、副边端口电流为 $\dot{I}_Y$ 和 $\dot{I}_F$，原、副边绕组的匝数分别为 N_Y 和 N_F。

根据电磁感应定律，原、副边绕组产生的感应电动势为

$$E = -N\frac{\mathrm{d}\dot{\Phi}}{\mathrm{d}t} \tag{8.1}$$

由式(8.1)可知，在电网中原边电压基本不变，变压器铁芯未达到明显过饱和情况下，变压器漏抗变化较小，忽略其变化带来的影响，故铁芯中的主磁通 $\dot{\Phi}$ 基本保持不变，那么每一匝绕组产生的感应电动势是相同的。当副边绕组发生匝间短路时，其绕组匝数变少，副边绕组感应电动势减少，所以副边电压降低。

变压器在负载运行时，由原、副边绕组的主磁通磁动势平衡关系可知：

$$F_Y + F_F = F_0 \tag{8.2}$$

式中，F_Y 为原边绕组磁动势；F_F 为副边绕组磁动势；F_0 为主磁通的合成磁动势。

由于负载时励磁电流由原边绕组供给，$F_0 = N_Y I_L$，当忽略励磁电流 I_L 时，$F_0 = 0$，由式(8.2)得：

$$F_Y + F_F = 0 \tag{8.3}$$

即：

$$N_Y I_Y + N_F I_F = 0 \tag{8.4}$$

当副边绕组发生匝间短路时，将出现未流经短路绕组的环流 I_{FO} 和短路电流 I_k。假设 Ynd11 接线的双绕组降压变压器副边 a 相发生匝间短路，其等效电路图如图 8.2 所示。

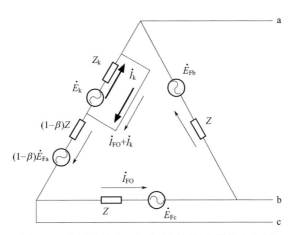

图 8.2　变压器副边 a 相发生匝间短路等效电路图

根据图 8.2 可以计算未流经短路绕组的环流 I_{FO} 和短路电流 I_k 分别为：

$$I_{FO} = \frac{(1-\beta)E_{Fa} + E_{Fb} + E_{Fc}}{2Z + (1-\beta)Z} = \frac{-\beta E_{Fa}}{(3-\beta)Z} \tag{8.5}$$

$$I_k = \frac{E_k}{Z_k} \tag{8.6}$$

式中，β 为短路匝数与 a 相绕组总匝数之比。

根据式(8.5)，我们可以得出以下结论。

① 副边绕组电流变化：当副边绕组发生匝间短路时，由于短路处的阻抗 Z_k 非常小，短路电流 I_k 会显著增加。这会导致副边绕组的电流减小，因为部分电流会在短路处形成回路，而不是流出到变压器的 a 相端口。

② 短路电流的影响：短路电流 I_k 的值会非常大，大约是正常副边端口电流的几十倍。这是因为短路阻抗 Z_k 非常小，根据欧姆定律（$V = IR$），在电压 V 不变的情况下，电流 I 会随着阻抗 R 的减小而增大。

③ 原边绕组电流变化：由于副边绕组的匝间短路，短路电流 I_k 会在原边绕组中感应出电流。这会导致原边绕组端口的电流增加，因为原边绕组中既有感应过来的故障分量电流，也有正常的负荷电流。

④ 变压器电流的变化：在变压器负载运行过程中，如果副边绕组发生匝间短路，原边绕组中会呈现出故障分量电流和负荷电流的叠加效应。这种电流的变化可能会对变压器的正常运行造成影响，需要通过保护装置及时检测并处理短路故障。

8.2　电压电流特征分析

8.2.1　过程分析

本节通过 MATLAB 中的 Simulink 模块对三相双绕组变压器在发生匝间短路后的端口信息进行了仿真分析。由于 Simulink 中的常规变压器模块不支持内部故障仿真，因此采用了一种替代方法来进行模拟。

① 模块选择：在 Simulink 中，选择"多绕组变压器"模块，并将其配置为单相双绕组的形式。

② 替代方案：使用三个单相变压器模块来代替传统的三相变压器模块，这样可以模拟三相系统中的故障行为。

③ 接线方式：在仿真中，将多绕组变压器的原边绕组和副边绕组按照三相变压器的接线组别进行接线，以确保仿真的准确性。

④ 故障模拟：将 A 相设置为故障相，并在副边 3 号绕组的接线端接入可控开关。通过设置开关的开断时间来模拟短路的发生。

⑤ 仿真条件：进行 10% 处匝间短路仿真，负载连接方式为星形。

为了验证基于深度学习方法的变压器匝间短路辨识的广泛实用性，还需要对不同电压等级的变压器和不同工况进行仿真。包括：

① 10/0.4kV 变压器，接线组别为 Yny0，匝数比为 1250/50；

② 110/11kV 变压器，接线组别为 Ynd11，匝数比为 834/125；

③ 220/10kV 变压器，接线组别为 Ynd11，匝数比为 1606/73。

此外，还需要考虑三相不平衡、不同负载率等不同工况下的仿真。由于实际变压器运行中的负载是不断变化的，仿真时采用可变负载来更好地模拟实际情况。

以 10/0.4kV 变压器为例，变压器匝间短路仿真模型如图 8.3 所示。

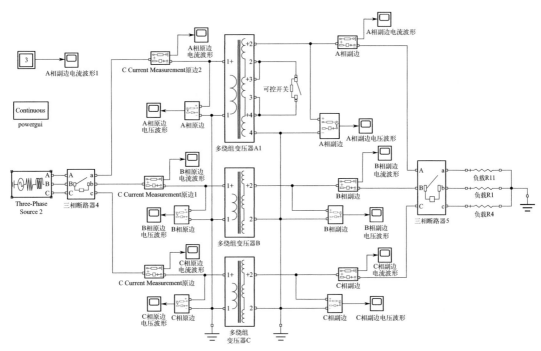

图 8.3   10/0.4kV 变压器匝间短路仿真模型

在进行仿真实验时，10/0.4kV 三相双绕组变压器参数如表 8.1 所示。

表 8.1   10/0.4kV 三相双绕组变压器具体参数

铭牌参数	额定值	铭牌参数	额定值
额定容量/kVA	63	额定电压/kV	10/0.4
原边绕组电阻/Ω	11.05	副边绕组电阻/Ω	0.024
原边绕组匝数/匝	1250	副边绕组匝数/匝	50
原边绕组漏感/H	0.2022	副边绕组漏感/H	0.0004

在变压器发生轻微匝间短路的情况下，轻煤气保护是主要的保护方式。由于轻微故障时气体产生速度较慢，煤气保护的动作时间相对较长。因此，在进行仿真实验时，需要设定一个合适的仿真时长来观察和记录从故障发生到保护动作的整个过程。

在本例中，仿真时长被设定为 0.2s，以覆盖匝间短路故障前后的一段时间。具体地，在仿真的 0.1s 时刻，通过闭合可控开关来模拟变压器 A 相副边绕组发生匝间短路故障。

为了更贴近实际变压器端口量的测量过程，仿真中采用了 A/D 转换器来模拟信号的读取。在实际运行中，变压器端口量通常是通过互感器测得波形，然后通过 A/D 转换器读取数值。为了使仿真结果与实际情况相符，示波器的采样频率被设置为 5000Hz，即每 0.2ms 采样一个数据点。

以 10/0.4kV 变压器为例，当副边绕组 10％处发生 4％匝的轻微短路时，仿真结果显示如图 8.4 所示，在故障发生的时刻（$t=0.1s$），故障相 A 相的原边端口电流波形相比正常运行时的有所上升，而副边端口电流波形则有所下降。这与机理分析中的预期相符，即轻微匝间短路会导致故障相的电流增加，而非故障相 B 相和 C 相的原、副边电流波形则没有明显变化。

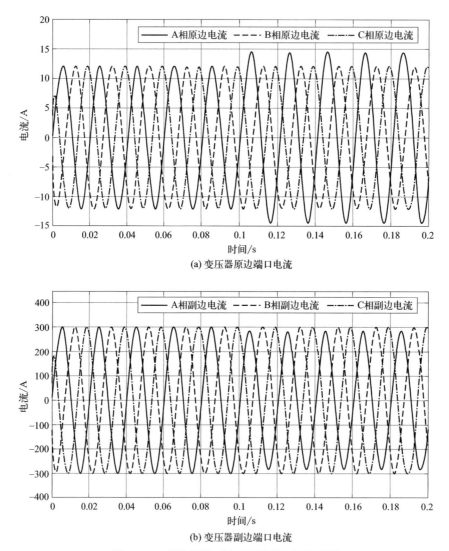

(a) 变压器原边端口电流

(b) 变压器副边端口电流

图 8.4 10％处短路 4％匝时端部电流波形图

根据机理分析，副边绕组发生匝间短路时，变压器故障相的副边端口电压有所降低，仿真波形如图 8.5 所示，图（a）、图（b）分别为三相双绕组变压器原边和副边的端口电压波形图。

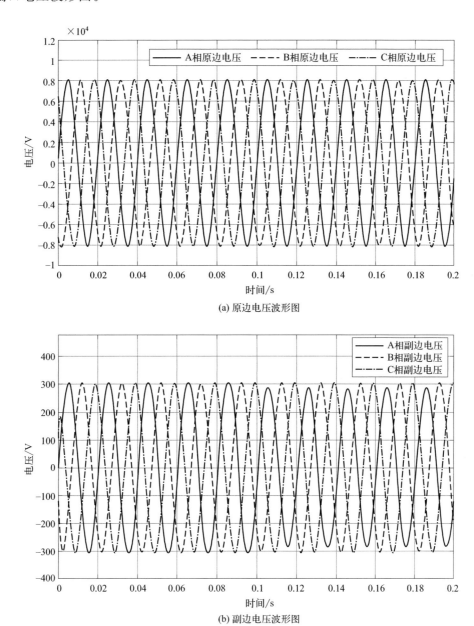

(a) 原边电压波形图

(b) 副边电压波形图

图 8.5 10%处短路 4%匝时端部电压波形图

根据上述仿真过程，当不同电压等级变压器短路不同匝数时，对端口电压、电流变化量进行分析。通过仿真得出 10/0.4kV 变压器、110/11kV 变压器、220/10kV 变压器等不同电压等级变压器绕组发生匝间短路前后的原、副边电压电流幅值。从机理分析中可知，原边电压在副边绕组匝间短路前后幅值基本不变，所以只计算了副边电压、电流和原边电流的幅值变化率 ΔS，计算公式如式(8.7)。

$$\Delta S = \frac{S_1 - S_2}{S_1} \tag{8.7}$$

式中，S_1 为绕组未发生短路时端口电压、电流；S_2 为绕组发生匝间短路时端口电压、电流。计算结果见表 8.2。

表 8.2 端口电压、电流幅值变化百分比

短路匝数	10/0.4kV 变压器			110/11kV 变压器			220/10kV 变压器		
	副边电流	副边电压	原边电流	副边电流	副边电压	原边电流	副边电流	副边电压	原边电流
1%～2%	0.41%	0.45%	−3.2%	0.69%	0.67%	0.1%	1.37%	1.36%	−0.87%
3%～4%	2.61%	2.62%	−10.73%	1.86%	1.88%	−0.15%	1.99%	1.92%	−4.64%
5%～6%	6.11%	6.12%	−14.67%	3.71%	3.7%	−1.27%	3.34%	3.35%	−11.56%
7%～8%	10.18%	10.19%	−21.04%	6.01%	5.99%	−3.02%	5.08%	5.09%	−21.32%
9%～10%	14.21%	14.2%	−28.03%	8.68%	8.67%	−5.31%	7.81%	7.8%	−33.82%

在实际运行中，变压器的互感器用于测量电压和电流，以便监测和保护变压器的正常运行。不同电压等级的变压器采用了不同型号的互感器，10/0.4kV 变压器采用 JLSZV-10 型号的互感器，110/11kV 变压器采用 LB-110 型号的互感器，220/10kV 变压器采用 TYB-220 型号的互感器，这些型号的互感器的测量误差都为 0.5 级，即误差为 ±0.5%。副边电压和电流的变化幅度均大于互感器所要求的误差，可以将轻微匝间短路时电压、电流的变化测量出来。

根据表 8.2 中的数据，我们可以得出以下结论。

① 10kV 电压等级变压器：对于 10kV 电压等级的变压器，只有当发生 2% 匝以上的匝间短路时，端口电压和电流的变化幅度才足够大，以至于能够克服互感器的测量误差，从而正确测量出特征。

② 110kV 和 220kV 电压等级变压器：对于更高电压等级的变压器，如 110kV 和 220kV，即使发生 1% 匝以上的匝间短路，也能准确地测量出端口电压和电流的特征。这是因为更高电压等级的变压器在匝间短路时产生的电压和电流变化幅度更大，更容易被互感器检测到。

由表 8.2 中数据可知，副边电压、电流的幅值变化百分比相近，故可只绘制副边电流变化趋势的曲线与原边电流幅值变化百分比曲线，两曲线如图 8.6 所示。

从图中曲线对比分析可知，对于不同电压等级的变压器，发生不同匝数的匝间短路的副边电压、电流幅值变化量呈上升趋势，原边电流呈反向上升趋势，而且不同类型变压器其变化的趋势相同。

不同类型的变压器虽然在电压等级、尺寸等方面有差异，但是其铁芯材料大多数是一样的，为硅钢片，相同的材料决定了其磁化特性相似。通过仿真可以测得三种变压器的磁通如表 8.3 所示。

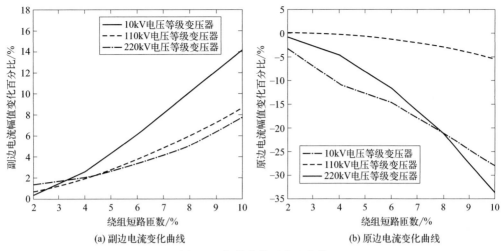

图 8.6　幅值变化百分比曲线

表 8.3　不同型号变压器 A 相磁通

短路类型	10/0.4kV 变压器/Wb	110/11kV 变压器/Wb	220/10kV 变压器/Wb
0	39.62	371.50	861.90
1%～2%	39.56	371.00	859.90
3%～4%	39.27	368.60	855.90
5%～6%	38.78	365.30	849.60
7%～8%	38.20	361.30	841.40
9%～10%	37.61	356.70	831.50

变压器的主磁通是由多个因素决定的，主要包括原边激磁绕组的激磁安匝数、铁芯的截面积以及铁芯的磁导率。这些因素共同决定了变压器能够传递的最大磁通量。在变压器的正常运行过程中，主磁通基本上保持恒定，不会随着负荷的变化而发生显著变化。

这一恒定性的原因与变压器的工作原理有关。当变压器的低压侧负荷增加时，低压电流产生的磁场会企图减弱铁芯中的磁通。为了维持磁通的平衡，高压侧会自动增加电流，从而增加磁通，保持原有的磁通水平。这个过程同时也意味着变压器的容量输出增加，以满足更大的负荷需求。

归一化处理是一种常用的数学方法，它通过将有量纲的表达式转换为无量纲的表达式，简化了问题的复杂性，使得不同量级的物理量可以在同一标准下进行比较和分析。在变压器的分析和设计中，归一化处理可以帮助工程师更方便地处理和理解各种参数之间的关系，从而优化变压器的性能。例如，通过归一化处理，可以将变压器的参数与标准或理想状态下的参数进行比较，以评估变压器的实际性能。由于不同类型的变压器磁通数量级相差较大，因此，对其进行归一化计算，公式如式(8.8)。

$$X' = \frac{X - X_{\min}}{X_{\max} - X_{\min}}$$

(8.8)

式中，X' 为归一化后磁通；X_{min} 为此类型变压器磁通最小值；X_{max} 为此类型变压器磁通最大值。

经过归一化计算后的磁通值如表 8.4 所示。

表 8.4　不同型号变压器 A 相磁通归一化值

短路类型	10/0.4kV 变压器	110/11kV 变压器	220/0kV 变压器
0	1	1	1
1%～2%	0.96421	0.97015	0.96622
3%～4%	0.80263	0.81587	0.80405
5%～6%	0.59539	0.58209	0.58108
7%～8%	0.30566	0.29353	0.30081
9%～10%	0	0	0

从表 8.4 中的数值可以看出，当不同型号变压器发生匝间短路后，随着短路匝数增多，三种类型变压器的 A 相磁通归一化后基本一样，变化趋势也一样。

综上所述，不同电压等级的变压器在发生匝间短路时，端口电压、电流具有相似的特征，基于深度学习技术的变压器绕组匝间短路诊断方法可以使用于不同类型变压器。

由分析可知，不同电压等级的变压器有相似的特征信息，所以此处以 10kV 电压等级变压器副边绕组发生匝间短路为例进行分析。经过机理分析和仿真分析可知，变压器的绕组发生匝间短路的时候，这种运行方式的变化改变了变压器端口的电压、电流的波形。从这点我们可以发现，在变压器的原、副边端口的输出的基本电气量电压、电流包含着内部绕组的运行情况，可以反映出其是否处于正常的运行状态。

8.2.2　时域频域分析

(1) 局部特征分析

故障前后斜率的变化可以表征出电压电流波形的局部特征信息。以变压器副边 A 相发生匝间短路为例，假设正常运行和匝间短路均从 0.006s 时开始，在一个周期内正常和故障时电流的公式如式(8.9) 和式(8.10)。

$$I = A\sin(\omega t) \tag{8.9}$$
$$I' = A'\sin(\omega t) \tag{8.10}$$

分别对两个表达式进行斜率计算，公式如式(8.11) 和式(8.12)。

$$k = \frac{dI}{dt} \tag{8.11}$$

$$k' = \frac{dI'}{dt} \tag{8.12}$$

通过计算变压器副边绕组短路 0、1%～2%、3%～4%、5%～6%、7%～8%、9%～10%六种情况下一个周期内的波形曲线斜率，绘制斜率曲线，如图 8.7 所示。

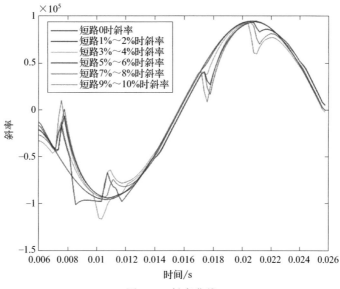

图 8.7　斜率曲线

由图 8.7 中的斜率曲线可知，在一个周期内斜率特征最大点不在波峰处，计算斜率波形尖峰处的斜率如表 8.5 所示。

表 8.5　不同短路匝数时波形尖峰处斜率

运行方式	0.0076s 处斜率	0.011s 处斜率	0.0176s 处斜率	0.021s 处斜率
0	−53638.7	−94618.5	53634.51	94618.21
1%～2%	−17004.7	−75836.7	50659.35	93904.21
3%～4%	−12163.6	−95157.7	38402.88	95295.01
5%～6%	−17968.1	−93129.7	31042.35	87439.20243
7%～8%	−13471.7	−79627.2	24232.2	76361.19
9%～10%	−10381.87	−63433.7	8682.268	59909.49

变压器绕组发生匝间短路时，其电气特性会发生显著变化，这些变化可以通过监测电压和电流波形来识别。然而，由于变压器的运行是一个动态过程，不同时刻的波形特征可能会有所不同。因此，仅提取某一特定时刻的波形可能无法充分反映匝间短路与正常运行状态之间的差异。

为了更准确地识别匝间短路，需要提取一段时间内的波形数据。通过分析这段时间内的波形变化，可以综合多种特征来表征波形的特性。这种方法能够提供更丰富的信息，有助于识别和区分正常运行与故障状态。

此外，随着短路匝数的增加，电流波形的斜率差异也会变得更加明显。这是因为短路匝数增加会导致更多的电流在短路点集中，从而产生更大的电流冲击和更大的电流变化率。这种斜率的显著差异可以作为识别匝间短路的一个重要特征。

（2）全局特征分析

对于波动类数据来说，除了幅值可以描述变化程度外，还可选择绝对平均值、方根幅值、均方根等指标。绝对平均值可以表示出波形波动的情况。绝对平均值、方根幅值、均方根值、幅值等全局特征信息同样随着运行状态的改变而改变。

为了表示出波形波动的情况，数据点 $x(t)$ 的离散表达式为 $x_i(i=1,2,\cdots,N)$，绝对平均值公式如式（8.13）。

$$\mu_{|x|} = \frac{1}{N}\sum_{i=1}^{N}|x| \tag{8.13}$$

方根幅值表示波形波动强度的情况，是属于有量纲的特征参数，计算公式如式（8.14）。

$$x_r = \left(\frac{\sum_{i=1}^{N}\sqrt{|x_{(i)}|}}{N}\right)^2 \tag{8.14}$$

均方根可以表示波形的振动强度，均方根值在时间上平均，是一种有量纲的特征参数，计算公式如式（8.15）。

$$x_{rms} = \sqrt{\frac{\sum_{i=1}^{N}(x_{(i)})^2}{N}} \tag{8.15}$$

对正常运行和匝间短路两种运行状态计算绝对平均值、方根幅值、均方根值等三种特征参数，以 A 相副边绕组端口电流为例，采用与斜率分析中相同的时间段，因为在仿真中的采样频率为 5000Hz，所以采集一个周期内的 100 个数据点，根据式（8.13）、式（8.14）、式（8.15）分别计算当变压器副边绕组发生 1%～2%、3%～4%、5%～6%、7%～8% 和 9%～10% 匝短路时副边电流的特征参数值。通过式（8.16）分别计算三种特征参数值的变化率 ΔD。变化百分比计算结果如表 8.6，绘制特征参数变化百分比曲线图如图 8.8 所示。

$$\Delta D = \frac{D_1 - D_2}{D_1} \tag{8.16}$$

式中，D_1 为绕组未发生短路时端口副边电流特征值；D_2 为绕组发生匝间短路时端口副边电流特征值。

表 8.6 变压器 A 相副边绕组端口电流特征参数变化百分比

运行方式	绝对平均值变化量	方根幅值变化量	均方根值变化量
1%～2%	1.6%	2.8%	0.8%
3%～4%	2.1%	3.5%	2.4%
5%～6%	5.8%	6%	5.9%

运行方式	绝对平均值变化量	方根幅值变化量	均方根值变化量
7%~8%	10.1%	10.3%	10.1%
9%~10%	14.5%	15.0%	14.3%

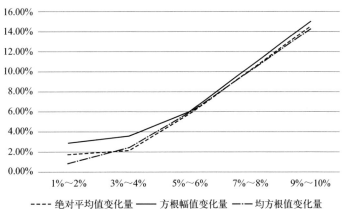

图 8.8　变压器 A 相副边绕组端口电流特征参数变化百分比曲线

发生匝间短路后，三种指标特征值都有所下降，并且随着短路匝数的增多，下降得越多，波形波动得越大。

变压器正常运行本身不产生谐波，或者是说其产生的谐波可以忽略不计，但是在变压器发生匝间短路时，在电压和电流中就会产生谐波分量，可以用谐波畸变率表示。谐波畸变率如式(8.17)。

$$\mathrm{THD} = \frac{\sum_{i=1}^{n}(H_i)^2}{H_1} \tag{8.17}$$

式中，H_i 为电压或电流第 i 次谐波有效值；H_1 为电压或电流基波有效值。

对 10/0.4kV 变压器副边绕组正常运行和发生 2% 匝短路仿真得到的波形进行傅里叶分析。图 8.9 为变压器正常运行时副边电流的傅里叶分析，图 8.10 为变压器副边发生匝间短路时副边电流的傅里叶分析。

根据提供的信息，我们可以了解到变压器发生匝间短路后，电流的畸变率变化情况以及差动保护的动作特性。具体如下。

① 电流畸变率：在匝间短路发生后，电流的畸变率为 0.98%。这个比例相对较小，说明短路引起的电流波形畸变并不显著。

② 差动保护的影响：变压器的差动保护在实际应用中可能会受到不平衡电流的影响。特别是在变压器投入电网时，可能会产生励磁涌流，其大小约为额定电流的 6 到 8 倍。励磁涌流主要由高次谐波组成，其中二次谐波的含量最高，约为基波的 15% 到 20%。这种大量的不平衡电流可能会导致差动保护误动作。

③ 差动保护的动作阈值：由于轻微匝间短路后的畸变率不到 1%，二次谐波含量

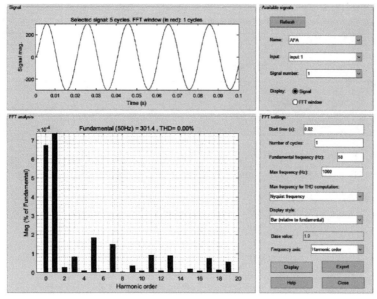

图 8.9　A 相副边正常运行电流傅里叶分析

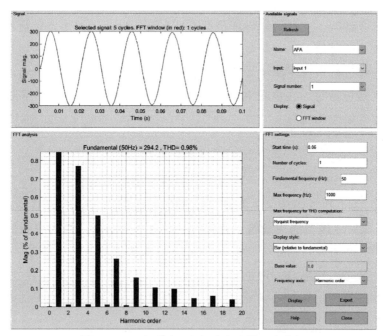

图 8.10　A 相副边匝间短路电流傅里叶分析

远低于励磁涌流时的 15％到 20％，因此流过差动保护的不平衡电流不足以触发保护动作。这意味着差动保护对于轻微匝间短路可能无法有效响应。

④ 变压器波形特征信息：变压器的电压和电流波形特征信息与其运行状态密切相关。通过对时域和频域特征的分析，可以发现在轻微匝间短路发生时，变压器端口电压和电流波形的三种特征参数均有所减小。傅里叶分析进一步显示，匝间短路时电

流的畸变率不到 1%，二次谐波含量非常少。

⑤ 现有诊断方法的局限性：传统的变压器诊断方法，如油色谱分析、绝缘直流电阻测试和工频耐压测试等，可能无法有效辨识轻微匝间短路。这些方法可能无法检测到波形的微小变化，从而导致故障无法被及时发现。

⑥ 卷积神经网络的应用：鉴于现有诊断方法的局限性，通过卷积神经网络（CNN）对波形特征进行分析，可以实现对匝间短路故障的有效辨识。CNN 能够从复杂的波形数据中提取关键特征，并进行深入学习，从而提高故障检测的准确性和可靠性。

8.3　端口信号数据集整理

在变压器绕组发生轻微匝间短路后，达到新的稳态运行时，端口信号的变化虽然微小，但仍然可以通过深度学习技术进行识别和分析。深度学习技术在应用过程中对数据集的质量有很高的要求，因此在制作数据集时需要考虑以下几个方面。

① 信号的综合分析：单从一种端口信号变化量难以准确分辨匝间短路，需要综合考虑多种信号。通过波形图，可以将所有特征数据汇集到一起，并通过信号间的对比使得特征更加明显。

② 数据集的数量要求：深度学习需要大量的数据集进行训练。尽管仿真只能提供有限时间内的波形图，但可以通过一定的方法来扩充数据集。例如，可以在波形图中按照一定的窗口长度截取图像，从而在有限的时间内获取更多的数据集样本。

③ 样本的多样性：由于变压器运行中的可变负载和分接头的存在，每个采样周期的数据点都是不同的。这意味着通过截取窗口可以得到大量不同的数据集样本，增加了数据集的多样性。

④ 数据集的制作方法：为了满足深度学习对数据集的要求，研究了一种制作数据集的方法。这种方法可以从有限时间内的波形图中有效地提取出大量样本，并且保证样本的多样性和代表性。

在数据采样构建数据集时，过低的采样频率会造成测量误差，设置不同的采样频率采集的故障绕组副边电流幅值会相差较大，表 8.7 为不同采样频率时测得的幅值。

表 8.7　不同采样频率副边电流幅值

采样频率/Hz	副边电流幅值/A
5000	302.5
3000	297.5
2500	294.3
1000	291.7

从表 8.7 中可以看出，当采样频率下降时，所测的数据会下降，在实际运行中，变压器端口量的测量通过互感器测得波形，然后通过 A/D 转换后读取数值，采样频率为 5000Hz，故制作数据集时的采样频率也为 $f=5000Hz$。而在制作数据集时若采用较小的采样频率，数据采样不完整，从而导致特征数据点被遗漏，会造成副边电流的幅值减小。

假设仿真时长为 t，正常运行时间为 t_1，匝间短路时间为 t_2，这样每一相会采集的数据点个数用式 (8.18) 计算。

$$m_i = m_j + m_q = \frac{t_1}{1/f} + \frac{t_2}{1/f} \tag{8.18}$$

式中，m_i 为数据点总个数；m_j 为正常运行数据点个数；m_q 为匝间短路数据点个数。

根据式 (8.16)，当仿真时长为 $t=0.2s$ 时，在 0.1s 时发生短路，正常运行和匝间短路时长分别为 $t_1=t_2=0.1s$，采样频率 $f=5000Hz$，这样每一相会采集 1000 个数据点，将数据点按照采集时间顺序排序，为 $m_i(i=1,2,\cdots,999,1000)$，其中正常运行时数据点排序为 $m_j(j=1,2,\cdots,449,500)$，匝间短路运行时数据点排序为 $m_q(q=501,502,\cdots,999,1000)$。

通过端口电流、电压幅值的变化，发现发生匝间短路时故障相原、副边电流是一增加一减少的，原边电压基本不变，副边电压下降，当发生轻微匝间短路时，一端口电流电压的变化只有百分之几，所以将原、副边放在一起比较，这样就相当于放大了幅值变化的特征。所以将故障相的 4 个电气量绘制在一起，绘制后的波形如图 8.11 所示。

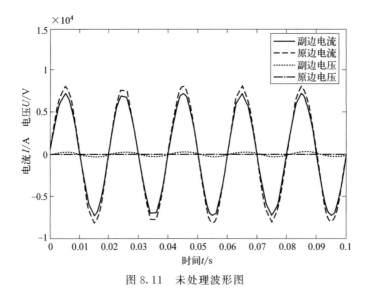

图 8.11 未处理波形图

由图 8.11 可以发现原、副边数据的数量级相差很大，特征无法准确地发掘，所以需对故障相的 4 个数据进行归一化处理。归一化处理主要是为了数据处理起来方便，把数据归一化到 0～1 区间之内。本文采用的是最大最小标准化归一法，此方法适用于图像处理问题。归一化公式如式 (8.8)，其中，X' 为电压、电流归一化后数据，X 为原始电压、电流数据。当波形为正半周时，$X_{\max}$ 为电压、电流幅值，$X_{\min}$ 为 0；当波形为负半周时，$X_{\max}$ 为 0，$X_{\min}$ 为电压、电流负半轴幅值。经过归一化处理后的波形图如图 8.12 所示。

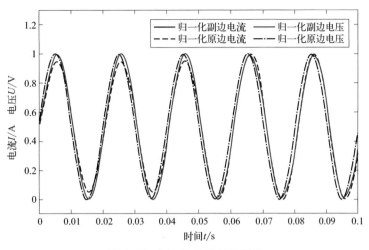

图 8.12　归一化处理后波形图

为了满足深度学习的学习准确度，对采集到的数据随机截取数据段来组成数据集，这样既满足了数据集的数量，也会使数据集具有一定的随机性。通过观察归一化后的波形会发现，特征最明显的位置是在波峰和波谷处。为保证数据集图像中存在最明显的特征，数据窗口大小至少要设定为 1 个周期，即 $t' = 0.02\mathrm{s}$ 为一个数据窗口。每个窗口的数据点的个数为 $n = t/(1/f) = 0.02 \times 5000 = 100$ 个。

假设截取的数据集中图像为 $P_{a \to b}^{Q}$，数据集组成公式如式(8.19)。

$$\{P_{a \to b}^{Q}\} = \{P_{j \to j+100}^{Q_j} \quad , \quad P_{q \to q+100}^{Q_q}\} \tag{8.19}$$

式中，Q 表示数据集中图像的个数；$a \to b$ 表示为数据集截取的窗口的位置，所处的时间段为 $at_H \sim bt_H$。当数据集图像为 $a = m_j, j = (1, 2, \cdots, 399, 400)$ 时为正常运行时数据集图像，当数据集图像为 $b = m_q, q = (501, 502, \cdots, 899, 900)$ 时为匝间短路时数据集图像，$b = a + n$。

例如采用上述制作数据集的方法制作第 234 个图像，a 随机取数为 5，则 b 为 105，那么此数据集图像表示为 $P_{5 \sim 105}^{234}$，其图像代表是在 $at_H \sim bt_H = 0.001\mathrm{s} \sim 0.021\mathrm{s}$ 时间段内的图像，属于正常运行时图像，图像如图 8.13 所示。

通过上述制作数据集的方法，可以有效地为变压器绕组匝间短路的深度学习诊断模型提供所需的数据。该方法的关键点和优势如下。

① 图像数量：通过这种方法，可以制作多达 400 张图像，这些图像代表了变压器在不同工况下的状态，为深度学习模型提供了丰富的视觉信息。

② 数据点的多样性：由于变压器的分接头调整和负载变化，采集到的 1000 个数据点各不相同，这确保了数据集中的图像具有多样性，有助于卷积神经网络更好地学习和识别图像中的特征。

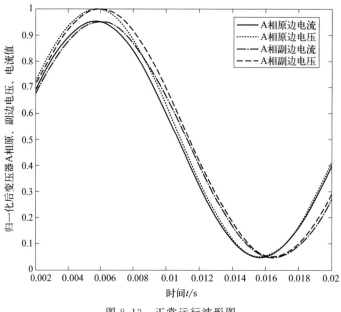

图 8.13　正常运行波形图

③ 有限时间内的数据集制作：在有限的时间段内，可以根据需要制作一定数量的数据集，这使得数据集在数量上能够满足卷积神经网络的训练和学习需求。

④ 随机性：由于变压器匝间短路发生的时间不确定，制作的数据集具有一定的随机性，这有助于模型在实际应用中更好地泛化和应对不确定性。

⑤ 适用于不同电压等级：由于不同电压等级的变压器发生匝间短路具有相似特征，这种基于深度学习的诊断方法可以适用于不同电压等级的变压器。

⑥ 时域和频域特征：在时域特征方面，波形的斜率、幅值、绝对平均值等特征参数存在差异，可以作为识别短路的依据。在频域特征方面，由于短路后畸变率不到1%，产生的不平衡电流不足以触发变压器差动保护，这一特征也被考虑在内。

⑦ 采样和窗口长度：通过考虑特征的呈现形式、采样频率、数量级差异和窗口长度等因素，从有限的采样数据点中随机截取数据段作为数据集样本，从而得到一个数量众多且样本各不相同的数据集。

8.4　卷积神经网络算法

本书通过变压器端口电气量数据特征分析，认识到将端口电气量转换为图像形式可以更直观地展现数据特征，从而便于进行后续的分析和处理。卷积神经网络（CNN）作为一种深度学习架构，在图像识别和分类任务中具有显著优势，特别是在处理变压器端口电压、电流图像样本时。

卷积神经网络的架构设计使其能够直接从原始图像数据中学习到有用的特征，无需传统模式识别中烦琐的特征提取过程。CNN 通过以下几层来实现变压器绕组匝间短路的辨识诊断。

输入层：接收变压器端口信号数据集，这些数据集已经转换为图像格式。

卷积池化层：这是 CNN 的核心部分，负责提取输入图像的特征。卷积层通过一系列可学习的滤波器对输入图像进行卷积操作，捕捉图像中的局部特征。池化层则对卷积层的输出进行降维处理，减少数据的维度，同时保留重要的特征信息。

全连接层：卷积池化层输出的一维特征向量被送入全连接层。在这一层中，特征向量通过加权求和的方式进行处理，每个神经元的权重在训练过程中学习得到。

输出层：根据全连接层的加权求和结果，输出层负责最终的分类辨识。输出层通常使用 Softmax 函数来计算每个类别的概率，选择概率最高的类别作为最终的分类结果。

卷积层用卷积核提取图像特征，变压器端口信号数据图像的像素矩阵和卷积核进行卷积运算，计算得出的矩阵为特征值矩阵。变压器端口电压电流数据集图像表示为 $P_{a\sim b}^{Q}$，$f(x,y)$ 代表的是变压器端口信号图像像素矩阵，$M\times N$ 为图像 P 像素值矩阵的大小，并且像素值都集中在图像波形曲线附近。$k(x,y)$ 表示为卷积核，$F\times F$ 为卷积核大小。卷积层输出为 $C(s,t)$，是由图像 P 的像素矩阵与卷积核经过卷积运算得到的 $s\times t$ 的特征矩阵，s 与 t 的取值范围为 $1\leqslant s\leqslant M-F+1$，$1\leqslant t\leqslant N-F+1$。卷积运算公式如式(8.20)。

$$C(s,t)=f(x,y)*k(x,y)=\sum_{x=1}^{a}\sum_{y=1}^{b}k(x,y)f(s+x-1,t+y-1) \quad (8.20)$$

从式(8.20) 可知卷积运算的过程为选定一个卷积核，利用卷积核在变压器端口电压、电流数据集图像像素矩阵上滑动，在找到卷积核计算区域的像素值后，进行相乘运算，对运算结果进行相加处理，得到一个变压器端口电压电流数据集图像特征矩阵，至此得到此卷积核的特征提取，在图像上游走完后就对原始图像完成了一次卷积变换。该算法还具有一个重要特征，经过卷积运算的原变压器端口电压、电流数据集图像消除了除图像中曲线外大部分为 0 的像素值，使信号特征和降噪品质都有所提高。

对于卷积层，它的运算过程如下，首先根据算法，取前一层的变压器端口电压、电流数据集图像作为下一层的输入，接着通过卷积核对其进行特征提取运算，此过程是非线性的，即通过非线性的激活函数进行运算。通过卷积核的卷积运算可以得到本层的特征图，每一个卷积核可以计算出一个特征图，卷积层公式如式(8.21)。

$$p_{j}^{l}=\sigma\left(\sum_{i\in M_{j}}p_{i}^{l-1}*k_{ij}^{l}+B_{j}\right) \quad (8.21)$$

式中，p_{j}^{l} 为第 l 层的变压器端口电压、电流第 j 个特征图；l 为当前层数；$\sigma(\cdot)$ 为激活函数；k_{ij} 为卷积核矩阵；$*$ 为卷积计算；M_{j} 为前一层变压器端口电压、电流数据集特征图集合；B_{j} 为卷积层中每个特征对应的偏置项。

卷积过程如图 8.14 所示。

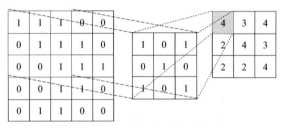

图 8.14　卷积过程原理图

在卷积神经网络（CNN）中，经过卷积层的运算后，我们可以得到变压器端口电压、电流数据集的特征图（feature maps）。然而，如果直接将这些高维度的特征图输入分类输出层，可能会遇到两个主要问题。

过拟合（overfitting）：特征图的维度通常很高，这可能导致模型在训练数据上表现得很好，但在新的、未见过的数据上泛化能力差，即出现过拟合现象。

计算效率低下：高维度的特征图意味着更大的计算量，这不仅会增加训练时间，还可能导致实时或近实时应用中的延迟问题。

为了解决这些问题，池化层被引入 CNN 架构中。池化层的主要作用是降低特征图的维度，同时保留最重要的特征信息。具体操作如下。

（1）特征采样提取

池化层将上一层输出的特征图划分为不重叠的区域，然后对每个区域进行采样。采样可以是最大池化（max pooling）、平均池化（average pooling）等操作，其中最大池化选取区域内的最大值，而平均池化则计算区域内的平均值。

（2）降维特征矩阵

经过池化操作后，原始的高维度特征图被转换为低维度的降维特征矩阵。这个降维特征矩阵包含了更为显著和重要的特征信息，同时减少了数据的维度。

（3）减少计算量

通过降低特征图的维度，池化层有效地减少了后续层的计算量，提高了网络的计算效率。

池化有最大池化和平均池化两种方式，最大池化是选择池化区域内特征的最大值并采样出来的操作，可以消除不明显的特征信息。平均池化是对池化区域的特征值进行计算平均值的操作，对一些不明显的特征值不会直接忽略，而是将这些信息淡化，以此来强化那些明显的特征值。由此可见，模型经过池化处理后，其抗干扰能力和稳定性都可得到加强。例如，式（8.22）中 a_1、a_2 分别代表矩阵 a 经过最大池化及平均池化后得到的矩阵。可以得知，式（8.22）的池化区域为 2×2，意为将 a 矩阵池化为 2×2 矩阵。

$$\boldsymbol{a} = \begin{pmatrix} 5 & 2 & 0 & 3 \\ 1 & 2 & 2 & 0 \\ 1 & 3 & 1 & 2 \\ 0 & 0 & 6 & 3 \end{pmatrix}, \quad \boldsymbol{a}_1 = \begin{pmatrix} 5 & 3 \\ 3 & 6 \end{pmatrix}, \quad \boldsymbol{a}_2 = \begin{pmatrix} 2.5 & 1.25 \\ 1 & 3 \end{pmatrix} \tag{8.22}$$

池化的本质就是通过对图像局部特征采样后的特征值来反映的，池化区域大小 scale×scale 在通过池化运算后，输出的特征图大小变为原来的 1/scale，且特征图个数不会改变，如果池化区域过大，可能就会造成信息损失过多，所以在选择池化区域时不宜过大。

通过下采样层运算处理，除了降低特征矩阵维度和降低计算量外，也实现了变压器端口电压、电流图像特征图的再一次提取。在深度学习架构中，下采样层是在卷积层之后的，相当于又一个特征提取工具。

池化层的输出结果如式(8.23)。

$$\boldsymbol{p}_j^{l+1} = \sigma\big[\boldsymbol{\beta}_j \mathrm{down}(\boldsymbol{p}_j^l) + \boldsymbol{W}_j\big] \tag{8.23}$$

式中，$\mathrm{down}(\cdot)$ 为降采样函数；$\boldsymbol{p}_j^l$ 为第 l 层的变压器端口电压、电流第 j 个特征图；$\boldsymbol{\beta}_j$ 为特征图的乘性偏置；$\boldsymbol{W}_j$ 为加性偏置。

在全连接网络中，全连接层是将所有二维变压器端口电压、电流图像经过卷积池化层后的一维特征作为输入部分。全连接层的输出则是先对输入的一维变压器端口电压、电流特征图进行加权求和计算，然后通过激活函数响应得到输出部分。

全连接层的输出结果如式(8.24)。

$$\boldsymbol{p}_j^{l+2} = \sigma(\boldsymbol{\omega} \boldsymbol{p}_j^{l+1} + \boldsymbol{T}_j) \tag{8.24}$$

式中，$\boldsymbol{p}_j^{l+1}$ 为池化层输出的变压器端口信息特征图；$\boldsymbol{\omega}$ 和 $\boldsymbol{T}_j$ 分别是全连接网络的权重系数和偏置项。

Softmax 分类器是 Logistic 回归在多分类问题上的扩展。在 Softmax 回归中，假设训练集由 m 个变压器端口电压、电流图像样本构成：$\{(\boldsymbol{x}^{(1)}, y^{(1)}), \cdots, (\boldsymbol{x}^{(m)}, y^{(m)})\}$，其中 $\boldsymbol{x}^{(i)} \in R^{n+1}, y^{(i)} \in \{1,2,3,4,\cdots,k\}$，当输入样本 $\boldsymbol{x}$ 为变压器数据集中的某一种工况对应的图像时，可由非线性的激励函数 $h_\theta(\boldsymbol{x})$ 求出测试样本属于数据样本集的概率 $p(y=j|\boldsymbol{x})$。假设函数将要输出一个 k 行的向量来表示 k 个估计的概率值，这些向量元素之和为 1。激励函数如式(8.25)。

$$h_\theta(\boldsymbol{x}^{(i)}) = \begin{pmatrix} p(y^{(i)}=1|\boldsymbol{x}^{(i)};\theta_1) \\ p(y^{(i)}=2|\boldsymbol{x}^{(i)};\theta_2) \\ \vdots \\ p(y^{(i)}=k|\boldsymbol{x}^{(i)};\theta_i) \end{pmatrix} = \frac{1}{\sum\limits_{j=1}^{i} \mathrm{e}^{\theta_j^{\mathrm{T}} \boldsymbol{x}^{(i)}}} \begin{pmatrix} \mathrm{e}^{\boldsymbol{\theta}_1^{\mathrm{T}} \boldsymbol{x}^{(i)}} \\ \mathrm{e}^{\boldsymbol{\theta}_2^{\mathrm{T}} \boldsymbol{x}^{(i)}} \\ \vdots \\ \mathrm{e}^{\boldsymbol{\theta}_i^{\mathrm{T}} \boldsymbol{x}^{(i)}} \end{pmatrix} \tag{8.25}$$

式中，$\boldsymbol{\theta}_1, \boldsymbol{\theta}_2, \cdots, \boldsymbol{\theta}_i$ 为模型参数；$1 \big/ \sum\limits_{j=1}^{k} \mathrm{e}^{\boldsymbol{\theta}_j^{\mathrm{T}} \boldsymbol{x}^{(i)}}$ 项对概率分布进行归一化处理，使所有概率的和等于 1。

将变压器数据集中的某一种工况对应的图像 $\boldsymbol{x}$ 分类，被辨识为变压器数据集中

第 j 类的概率公式如式(8.26)。

$$p(y^{(i)} = j \mid \boldsymbol{x} ; \boldsymbol{\theta}) = \frac{e^{\boldsymbol{\theta}_j^T \boldsymbol{x}^{(i)}}}{\sum\limits_{i=1}^{k} e^{\boldsymbol{\theta}_j^T \boldsymbol{x}^{(i)}}} \tag{8.26}$$

使用变压器端口信号数据集中样本对卷积神经网络进行训练，能使卷积神经网络具有学习的能力。前向传播和反向传播分别为卷积神经网络在训练中的两个部分。

首先是前向传播，就是先把变压器端口电压、电流数据集输入训练网络中，这些输入样本依次通过卷积层、激活函数、池化层等网络结构，每一层都会对输入数据进行变换和特征提取，得到的输出就为变压器端口电压、电流数据集特征图。其次是反向传播，该过程主要是将变压器端口电压、电流数据集特征图的实际输出与理想输出之间的误差进行反向传播，以此来得到每个训练层的误差值，然后需要对参数进行调整，采用的方法是梯度下降法，直到网络达到所给定的终止条件或者网络收敛结束计算。

(1) 前向传播

假设用 $(\boldsymbol{X}, \boldsymbol{Y})$ 表示卷积神经网络的结构，那么 $\boldsymbol{X}$ 代表网络的输入变压器端口电压、电流数据，$\boldsymbol{Y}$ 代表网络输出的该数据集的特征图。利用前向传播的方式，其步骤顺序如下。

① 随机初始化。对于卷积神经网络的训练，首先要对其参数进行初始化。卷积的权值和尾部值都与连接层的参数有关，所以对于初始化值的选择，一般会选取不同的参数，且相对而言比较小的随机数。不同的参数可以确保神经网络的过程正常训练，而且如果随机数选择较小，可以避免权值太大造成的饱和状态，从而避免最终神经网络的训练失败。

② 计算实际输出。卷积神经网络前向传播的整个输入过程，先从训练样本选择一个变压器端口电压、电流数据样本 $(\boldsymbol{X}, \boldsymbol{Y})$，向神经网络的输入层输入变压器端口信号数据样本参数 $\boldsymbol{X}$，经过对 $\boldsymbol{X}$ 的不同权值计算以及卷积，最后输出变压器端口信号数据的特征参数。

(2) 反向传播

反向传播就是利用罚函数的误差达到最小，反向调整变压器匝间短路分类架构中与权值有关的参数值大小。模型采用反向传播算法优化网络结构、求解网络参数，即反复循环迭代进行激励传播和权值更新，直到目标函数收敛到预设的范围为止。

① 计算实际输出与理想输出之间的代价函数公式如式(8.27)。

$$\text{Loss} = \frac{1}{2} \sum_{n=1}^{t} \sum_{k=1}^{c} (y_k^n - x_k^n)^2 \tag{8.27}$$

式中，x_k^n 表示第 n 个变压器端口电压、电流图像对应网络的第 k 个实际输出；y_k^n 表示第 n 个变压器端口电压、电流图像理想状态对应的第 k 维标签；t 为训练样本的个数；c 为分类的数目。

② 通过有监督学习的反向传播算法，以最小化代价函数为准则对网络进行训练。对单个样本，迭代更新权重 ω 和偏置参数 W 的计算公式如式（8.28）和式（8.29）。

$$\boldsymbol{\omega}^l = \boldsymbol{\omega}^l - \eta \boldsymbol{\delta}^{l+1} \boldsymbol{x}^l \tag{8.28}$$

$$\boldsymbol{W}^l = \boldsymbol{W}^l - \eta \boldsymbol{\delta}^{l+1} \tag{8.29}$$

式中，$\boldsymbol{x}^l$ 表示第 l 层变压器端口信号数据的输出；$\boldsymbol{\delta}^{l+1}$ 表示 $l+1$ 层和 l 层之间变压器端口信号数据的误差项；η 表示学习率。

（3）分类流程

要想完成正确的分类，必须经过训练和测试两个过程。第一步为训练，将变压器端口电压、电流图像样本集输入卷积神经网络中进行训练，得到训练完成的网络，再把需要测试的变压器端口电压电流图像样本输入其中，能够生成分类结果。训练过程中一般会有前向与反向传播两种方式，但是测试不需要对神经网络进行调整，故仅需要前向传播即可，利用已经训练完成的模型进行样本分类。当利用卷积神经网络做分类的时候，一般要在开始前规定好训练和测试的样本个数，具体分类过程按照以下方式。

① 卷积神经网络的权值矩阵和偏置参数，要在训练开始前完成初始化；

② 从变压器端口电压、电流图像数据集中找到某随机样本（X，Y），把 X 输入卷积神经网络中，得到实际输出变压器数据的特征向量，但是在实际应用中一般通过批量输入样本的方法，即每次输入均不是单一数量的输入而是样本集的输入，最终的结果将是矩阵的形式，其中每一列对应的是一个样本的实际输出向量；

③ 计算出变压器端口电压、电流图像实际输出向量与理想输出向量 Y 之间的误差；

④ 所有变压器端口电压、电流图像训练集样本均要输入卷积神经网络中完成训练，在第②步和第③步的步骤中来回循环，全部样本训练完毕便完成了一次迭代过程；

⑤ 通过多次迭代训练以提高准确度，在达到迭代终止条件或者达到所指定的识别率后，停止迭代，完成训练；

⑥ 最后一步把变压器端口电压、电流图像测试集的样本输入完成训练的神经网络中，再经过分类器得到最终的准确率。

8.5　卷积神经网络设计

在本节中，我们使用创建的变压器正常运行和匝间短路运行时的端口电压、电流数据集，这些数据集将作为卷积神经网络（CNN）的输入。为了使这些数据集适合作为网络的输入，需要进行一些预处理，以确保数据的一致性和有效性。

（1）尺寸统一化处理

由于原始数据集中的图像可能具有不同的尺寸和分辨率，因此需要将所有样本图片调整到统一的大小，以符合输入层的要求。

在本节中，选择将图像标准化为 256 像素×256 像素的尺寸，这是许多卷积神经网络架构所接受的常见输入尺寸。

（2）图像灰度化

变压器端口电压电流数据集的图像通常具有三个颜色通道（红、绿、蓝），这在卷积和池化过程中会增加计算的复杂性。

为了简化计算并减少模型的参数数量，将图像转化为灰度图。灰度化是将彩色图像中的每个像素点的 RGB 值转换为单一的灰度值的过程。

灰度化后的图像从三通道变为单通道，这样在后续的卷积和池化操作中，计算量会显著减少，同时仍然能够保留图像的重要特征。通过这些预处理步骤，可以确保变压器端口电压、电流数据集的图像适合作为卷积神经网络的输入，同时减少了模型训练时的计算负担。制作灰度图的算法如式（8.30）。

$$\text{Gray} = \sqrt[2.2]{\frac{R^{2.2} + (1.5G)^{2.2} + (0.6B)^{2.2}}{1^{2.2} + 1.5^{2.2} + 0.6^{2.2}}} \tag{8.30}$$

式中，Gray 为变压器端口电压、电流数据集灰度图像素值；R、G、B 为变压器端口电压、电流数据集图像中的红、绿、蓝三基色的颜色值。将图 8.12 经过式（8.30）灰度图算法转化为灰度图，如图 8.15 所示。

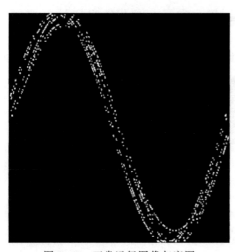

图 8.15　正常运行图像灰度图

用制作数据集方法和转化灰度图的方法制作不同电压等级变压器正常运行和匝间短路数据集各 400 张，以及各种特殊工况的数据集 400 张。

针对变压器端口信号数据集进行特征学习，确定深度学习的最佳深度可以降低运算成本，同时可以进一步提高精度。多个隐藏层可以用于拟合非线性函数。变压器端口信号数据集图像中特征不是很复杂，太深层的学习可能会导致过拟合问题。又因为变压器端口信号数据变化量很小，图像中特征就相对微弱，所以学习层数也不能太少。隐藏层的层数与神经网络的效果/用途可以概括为如下三点。

① 隐藏层数＝1：可以拟合从一个有限区域到另一个有限区域的连续映射的函数。

② 隐藏层数＝2：搭配适当的非线性激活函数可以表示任意决策边界，并且可以拟合任何平滑映射。

③ 隐藏层数＞2：复杂的特征通过多出来的隐藏层进行学习和描述。

根据上面的概括，本节卷积神经网络架构采用三层卷积池化层。

在网络训练过程中，网络内部是一个不透明的黑匣子，当变压器端口信号数据集输入网络中，靠卷积核对其进行特征提取学习。卷积核大小决定了学习特征是否全面和迅速。选用太大的卷积核对变压器端口信号数据特征提取会产生大量的参数，使得网络训练时间变长。所以本节在设定卷积核尺寸时会根据小尺寸的卷积核学习特征好的原则来进行设定。卷积核的选择如下。

① 卷积核大小为 1×1。大小为 1×1 的卷积核一般用来改变数据维度，但是在卷积神经网络中大小为 1×1 的卷积核不能对被卷积区域进行压缩得到特征，所以 1×1 的卷积核不被考虑。

② 卷积核大小为偶数中最小数 2×2。由于偶数大小的卷积核不能保证输入和输出的特征图大小尺寸一致，所以 2×2 的卷积核不被考虑。

③ 卷积核大小为 3×3。奇数大小的卷积核可以保证输入和输出特征图大小尺寸不变，同时奇数卷积核有中心元素，这样能够确定卷积核所在的位置。所以在卷积神经网络中我们采用大小为 3×3 的卷积核。

在本节中，针对变压器端口电压、电流数据集图像的特点，选择了最大值池化作为池化策略，并且在卷积池化过程中加入了非线性激活函数，以优化学习结果。

① 最大值池化。由于变压器端口电压、电流数据集图像的像素值较为集中，平均池化可能会降低特征的强度，而最大值池化能够更好地保留池化窗口内的特征。最大值池化取池化窗口内的最大值作为输出，这样可以确保最显著的特征被保留，同时过滤掉一些不重要的信息。

② 非线性激活函数。在深度学习中，非线性激活函数的引入是为了增加模型的表达能力，使得网络能够学习到更加复杂的特征。饱和激活函数（如 tanh 和 Sigmoid）可能会导致梯度消失，特别是在网络较深的情况下，这会使得网络训练变得缓慢。

③ ReLU 函数。ReLU(rectified linear unit) 函数是一种非饱和激活函数，其优点在于当输入大于 0 时，梯度恒为 1，这有助于缓解梯度消失问题，加快网络的收敛速度。由于变压器端口电压、电流灰度图像中的像素值都是非负的，ReLU 函数不会造成像素值丢失，因此是一个合适的选择。ReLU 函数的线性特性使得计算效率更高，同时避免了饱和激活函数可能导致的梯度下降问题。

采用最大值池化和 ReLU 激活函数，本节的卷积神经网络能够更有效地学习变压器端口电压、电流图像的特征，提高了模型的性能和训练效率。本节采用 ReLU 激活函数，如图 8.16 所示。

变压器端口电压、电流图像数据集中的样本输入卷积神经网络经过卷积池化层得到特征图，将此特征图作为下一层的输入，特征图的维度与卷积核和池化策略的参数相关。特征图维度计算方法如下。

假设变压器端口电压、电流图像大小为 $W_1 \times H_1 \times D_1$，$K$ 个大小为 $F \times F$ 的卷积核，卷积运算步长 Stride 为 S，边界填充 Padding 为 P，池化层的池化窗口为

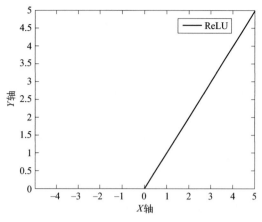

图 8.16 ReLU 激活函数

$M \times M$，输出变压器端口数据特征图大小为 $W_2 \times H_2 \times D_2$。计算过程如式（8.31）、式（8.32）、式（8.33）。

$$W_2 = \frac{[(W_1 - F + 2P)/S] + 1}{M} \tag{8.31}$$

$$H_2 = \frac{[(H_1 - F + 2P)/S] + 1}{M} \tag{8.32}$$

$$D_2 = K \tag{8.33}$$

本节设计了具有三个卷积层的卷积神经网络，网络结构如图 8.17 所示，图中特征图大小就是采用式（8.31）、式（8.32）和式（8.33）计算得出的，具体设置参数如表 8.8 所示。

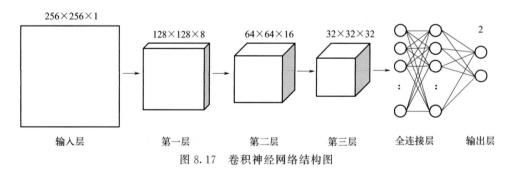

图 8.17 卷积神经网络结构图

表 8.8 卷积神经网络结构参数

层数	卷积核大小	池化窗口	卷积核个数	池化方式	步长
卷积层 1	3×3	—	8	—	1
池化层 1	—	2×2	—	最大池化	2
卷积层 2	3×3	—	16	—	1
池化层 2	—	2×2	—	最大池化	2
卷积层 3	3×3	—	32	—	1
池化层 3	—	2×2	—	最大池化	2

根据构建好的卷积神经网络可以得出，输入层输入的样本尺寸为 256 像素×256 像素。卷积层 1 采用卷积核尺寸为 3×3，数量为 8 个，步长为 1，对输入图像进行卷积处理，然后经过采样层 1，采样层采用最大池化方式，采样区域为 2×2，步长为 2，输出 8 个尺寸为 128×128 的特征结果。卷积层 2 采用卷积核尺寸为 3×3，数量为 16 个，步长为 1，对输入图像再一次卷积处理，再经过采样层 2，采用的池化策略为最大池化方式，采样区域 2×2，步长为 2，输出 16 个尺寸为 64×64 的特征结果，卷积层 3 采用卷积核尺寸也为 3×3，卷积核数量为 32 个，步长为 1，采样层 3 同样采用最大池化方式，采样窗口为 2×2，步长为 2，输出 32 个 32×32 的特征结果。最后通过全连接层输出 2 分类，最后输入分类模型。

参考文献

[1]　李璞 . 基于深度学习的电力变压器匝间短路故障辨识方法［D］. 沈阳：沈阳工业大学，2023.

第 9 章

电力变压器绕组强度的
工程计算

9.1 概述

变压器在电网系统中承担着电压转换和电能传输的关键角色，其安全可靠运行对整个电力系统的稳定性至关重要。短路是电网中可能发生的严重故障之一，变压器在短路情况下的行为和响应需要进行详细分析和设计，以确保其能够承受短路时产生的极端力和热。

在变压器绕组遭受短路冲击时，线圈会受到辐向力和轴向力的共同作用，这些力的产生与短路电流的大小、线圈的结构和材料特性有关。短路时绕组受力的具体情况如下。

① 轴向力：沿线圈的轴向力会使线圈承受压力或拉力。拉力的方向通常指向铁轭，并通过铁轭绝缘传至铁芯加紧装置。如果轴向力超过结构件的机械强度，可能导致线圈、压板及夹件等零部件产生变形，甚至可能将上铁轭顶起。

② 辐向力：沿线圈径向的辐向力会使内线圈承受压力，而外线圈承受拉力。当辐向拉力超过导线的抗张应力时，线圈可能会发生变形，匝间绝缘可能断裂，严重时甚至导线也可能断裂。

为了确保变压器在短路情况下的安全运行，设计阶段必须对变压器绕组的强度和稳定性进行严格校核。这包括计算短路电流对绕组产生的力、评估结构件的机械强度，以及考虑绝缘材料的耐热性和耐压性。

9.2 绕组强度轴向计算

变压器绕组的轴向失稳是一种严重的故障模式，它涉及绕组在轴向动态短路力和辐向短路力的共同作用下发生的倾斜或倒塌。这种失稳现象可能导致变压器的严重损坏，甚至造成事故。轴向失稳的主要原因如下。

① 轴向预压紧力计算不准确：如果变压器设计时对轴向预压紧力的计算不够准确，可能导致绕组的实际压紧力与设计值有偏差，从而影响绕组的稳定性。

② 垫块的残余变形：垫块用于支撑和固定绕组，如果垫块存在残余变形，可能会改变绕组的受力状态，增加轴向失稳的风险。

③ 谐振的影响：在某些特定频率下，变压器可能会发生谐振现象，导致绕组受到额外的动态力，这可能会加剧轴向失稳。

④ 绕组的安匝不平衡：绕组沿轴向高度的安匝分布如果不平衡，会产生辐向漏磁分量，这些分量与绕组中的电流相互作用，产生轴向力。

漏磁场在绕组端部的弯曲形成辐向分量 B_x，这个辐向分量产生轴向力。同时，绕组中安匝分布的不平衡也会产生辐向漏磁分量 B_x'，这些辐向分量的漏磁场与绕组中的电流相互作用，同样产生轴向力。轴向力的方向总是使产生这些力的不对称性增大，从而增加事故的风险。

在设计变压器时，为了减少轴向力和绕组轴向失稳的风险，通常会力求减小绕组中磁势分布的不对称性。这可以通过优化绕组的设计、选择合适的材料和结构件、精确计算预压紧力以及确保垫块和其他结构件的稳定性来实现。

根据洛伦兹力公式可得线饼单位长度轴向力：

$$F_y = B_{x\max} i_{ch} \tag{9.1}$$

式中，$B_{x\max}$ 为突然短路情况下辐向磁感应强度最大值；i_{ch} 为突然短路情况下短路电流的最大值。

9.2.1 动态力计算

变压器绕组在短路状态下受到的力是一个复杂的动态过程，受到多种因素的影响，包括短路电流的变化、绕组的弹性特性，以及漏磁场的动态耦合等。包括以下暂态过程。

① 短路电流的连续变化：在短路发生时，短路电流并非恒定不变，而是随着过渡过程连续变化。这种变化可能导致绕组受到的电动力也随之变化。

② 绕组的弹性系统特性：绕组由匝绝缘、附加绝缘和绝缘垫块隔开的铜导线构成，具有一定的弹性。在短路力的作用下，绕组及其结构件会围绕起始位置发生振

动，而不是静止不动。

③ 轴向和辐向振动：绕组不仅在轴向短路力的作用下发生上下振动，而且在辐向短路力的作用下，外侧绕组直径增大，内侧绕组直径减小，导致绕组间的漏磁空道发生变化，从而产生辐向振动。

④ 漏磁场的动态耦合：漏磁场在绕组端部发生弯曲，形成辐向分量，这些分量与绕组中的电流相互作用，产生轴向外力。漏磁分布的改变会引起短路力的变化，从而形成短路状态下的耦合场。

⑤ 动态力的计算：由于短路电流和漏磁场都是不断变化的，因此产生的短路力是动态力，而非静态力。动态力的计算需要考虑短路电流随时间的变化、变压器各部件的机械特性（如弹性、自振频率、摩擦力等）。

⑥ 冲击电流的影响：如果短路发生在电压过零的瞬间，短路电流将达到最大幅值，即冲击电流。这种情况下，绕组受到的电动力将显著增加，可能导致更严重的损伤。

暂态电流的数学表达式为：

$$i_{d\max} = I_{mdN}\left[\cos(\omega t) - \mathrm{e}^{-t/T_a}\right] \tag{9.2}$$

式中，I_{mdN} 为稳态短路电流的幅值；T_a 为电路的时间常数。

由于 $\cos^2(\omega t) = \dfrac{1}{2}[1 + \cos(2\omega t)]$，故计算动态电动力有下式：

$$F = K_F i_{d\max}^2 = K_F I_{mdN}^2\left[\left(\frac{1}{2} + \mathrm{e}^{-2t/T_a}\right) - 2\mathrm{e}^{-t/T_a}\cos(\omega t) + \frac{1}{2}\cos(2\omega t)\right] \tag{9.3}$$

式中，K_F 为决定电动力的系数。

9.2.2 算例

轴向稳定性的校核是变压器设计和评估中的一个重要环节，特别是对于采用非自粘换位导线的绕组。在短路情况下，绕组会受到显著的轴向力，这可能导致绕组的压倾斜，甚至损坏。因此，必须确保绕组在轴向力的作用下具有足够的机械稳定性。绕组轴向稳定性的校核通常遵循以下步骤。

① 确定轴向力：首先，需要计算在短路情况下作用于绕组的轴向力。这通常涉及对短路电流的计算，以及由此产生的电磁力的分析。

② 计算压倾斜的可能性：接下来，需要评估绕组在这些轴向力作用下是否有压倾斜的风险。这可能涉及对绕组结构的几何参数、材料特性以及支撑系统的强度进行分析。

③ 应用校核公式：对于饼式和螺旋式绕组，轴向稳定性的校核可以通过特定的公式进行。这些公式考虑了绕组的几何尺寸、导线尺寸、支撑结构以及轴向力等因素。

④ 评估结果：根据校核公式得到的结果，评估绕组的轴向稳定性。如果计算结

果表明绕组在轴向力作用下可能发生压倾斜，那么需要对绕组设计进行调整，例如增加支撑结构、改变导线排列方式或选择更适合的导线类型。

饼式、螺旋式绕组按下式校核：

$$F_t = \left(k_1 E_0 \frac{n b_e h^2}{D_m} + k_2 \frac{n c z b_e^3 r}{h} \right) k_3 k_4 \tag{9.4}$$

层式绕组按下式校核：

$$F_t = \left(k_1 E_0 \frac{n b_e h^2}{D_m} + k_2 \frac{n \pi D_m b_e^3 r}{h} \right) k_3 k_4 \tag{9.5}$$

式中，F_t 为临界力，即导线可能压倾斜而使线饼失稳的力；E_0 为铜导线弹性模量；n 为采用非自粘性换位线饼辐向导线根数；b_e 为导线的辐向尺寸；h 为导线的轴向尺寸；D_m 为绕组平均直径；c 为垫块宽；z 为圆周方向的垫块数；r 为导线形状系数；k_1 为考虑扭曲的系数；k_2 为考虑基础（如饼式绕组的垫块、层式绕组的端圈）的系数；k_3 为与铜材硬度有关的系数；k_4 为与动态倾斜有关的系数。

在变压器绕组的短路分析中，考虑短路力的动态特性是至关重要的。由于短路力不仅与绝缘材料的力学性能有关，还受到惯性力、弹力和摩擦力等多种因素的影响，因此需要采用动态的分析方法来准确评估绕组在短路情况下的行为。

本节通过建立变压器绕组轴向振动的质量-弹簧模型（图9.1）来研究绕组在轴向短路力作用下的轴向动态过程。模型结构如下。

质量单元：绕组线饼被等效为集中质量单元，这些质量单元代表了绕组线饼在轴向振动过程中的质量特性。

弹簧元件：绕组端部的绝缘材料和线饼间的垫块被等效为弹簧元件，这些弹簧元件模拟了绕组结构的弹性特性，包括绝缘垫块和端圈的弹性支撑作用。

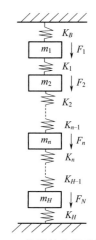

图9.1　绕组轴向振动模型

各质量单元的运动方程为：

$$
\begin{cases}
m_1 \dfrac{\mathrm{d}^2 z_1}{\mathrm{d}t^2} + c_1 \dfrac{\mathrm{d}z_1}{\mathrm{d}t} + k_B z_1 + k_1(z_1 - z_2) = F_1 + m_1 g \\[2mm]
m_2 \dfrac{\mathrm{d}^2 z_2}{\mathrm{d}t^2} + c_2 \dfrac{\mathrm{d}z_2}{\mathrm{d}t} + k_1(z_1 - z_2) + k_2(z_2 - z_3) = F_2 + m_2 g \\[2mm]
\qquad\qquad\qquad\vdots \\[2mm]
m_n \dfrac{\mathrm{d}^2 z_n}{\mathrm{d}t^2} + c_n \dfrac{\mathrm{d}z_n}{\mathrm{d}t} + k_{n-1}(z_{n-1} - z_n) + k_n(z_n - z_{n+1}) = F_n + m_n g \\[2mm]
\qquad\qquad\qquad\vdots \\[2mm]
m_N \dfrac{\mathrm{d}^2 z_N}{\mathrm{d}t^2} + c_N \dfrac{\mathrm{d}z_N}{\mathrm{d}t} + k_{N-1}(z_{N-1} - z_N) + k_H z_N = F_N + m_N g
\end{cases}
\tag{9.6}
$$

式中，m_n 为单元 n 的质量；k_n 为线饼 n 与线饼 $n+1$ 之间的垫块弹性系数；k_B 和 k_H 为绕组端部绝缘垫块的弹性系数；z_n 为第 n 个单元相对于本身原先位置的位移；c_n 为摩擦系数；$m_n \dfrac{\mathrm{d}^2 z_n}{\mathrm{d}t^2}$ 为第 n 个质量单元惯性力；$c_n \dfrac{\mathrm{d}z_n}{\mathrm{d}t}$ 为第 n 个质量单元在油或空气中的摩擦力；$k_B z_1, k_{n-1}(z_{n-1}-z_n), k_n(z_n-z_{n+1}), k_H z_N$ 为弹性力；F_n 为作用在第 n 个单元上的电磁力；$m_n g$ 为第 n 个单元的重量。

上式可写成矩阵形式：

$$M\frac{\mathrm{d}^2 z}{\mathrm{d}t^2} + C\frac{\mathrm{d}z}{\mathrm{d}t} + Kz = F + mg \tag{9.7}$$

式中，$z = \begin{pmatrix} z_1 \\ z_1 \\ \vdots \\ z_N \end{pmatrix}$；$F = \begin{pmatrix} F_1 \\ F_1 \\ \vdots \\ F_N \end{pmatrix}$；$M = \begin{pmatrix} m_1 & & & 0 \\ & m_2 & & \\ & & \ddots & \\ 0 & & & m_N \end{pmatrix}$；$C = \begin{pmatrix} c_1 & & & 0 \\ & c_2 & & \\ & & \ddots & \\ 0 & & & c_N \end{pmatrix}$

$m = \begin{pmatrix} m_1 \\ m_1 \\ \vdots \\ m_N \end{pmatrix}$；$K = \begin{pmatrix} k_B + k_1 & -k_1 & & & & \\ -k_1 & k_2 + k_3 & -k_2 & & & \\ & -k_2 & k_3 + k_4 & -k_3 & & \\ & & & \ddots & & \\ & & & -k_{N-2} & k_{N-2} + k_{N-1} & -k_{N-1} \\ & & & & -k_{N-1} & k_{N-1} + k_H \end{pmatrix}$

此运动方程为二阶微分方程，令 $y = \begin{pmatrix} z_1 \\ \vdots \\ z_N \end{pmatrix}$，则上式可化为一阶微分方程：

$$\frac{\mathrm{d}y}{\mathrm{d}t} = \begin{pmatrix} 0 & 1 \\ -M^{-1}K & -M^{-1}C \end{pmatrix} y + \begin{pmatrix} 0 \\ -M^{-1}F \end{pmatrix} \tag{9.8}$$

根据初值条件 $z\big|_{t=0} = 0$，$\dfrac{\mathrm{d}z}{\mathrm{d}t}\Big|_{t=0} = 0$，采用吉尔公式求解此微分方程组，可以得绕组位移随时间的变化，即关系式 $z = f(t)$，进而可求出在动态过程中作用在线饼上的动态力。在短路过程中，动态力与绕组线饼所受的电磁力有很大差别。

考虑到垫块材料的弹塑性特性，则轴向垫块的机械应力场可由下式求解：

$$\left(K + \frac{G}{3}\right)\frac{\partial u_k}{\partial x_{ki}} + G\frac{\partial u_i}{\partial x_{jj}} + F_z = 2G\frac{\partial(\omega e_{ij})}{\partial x_j} \tag{9.9}$$

式中，u_i 分别表示各点处的应力、应变和位移；G 为剪切弹性模量；K 为体积模量。

在变压器绕组的轴向稳定性分析中，通过建立质量-弹簧系统模型并进行多次迭代计算，可以求出线饼在轴向动态力作用下所受到的力和位移。这一过程对于评估变压器绕组在短路冲击下的稳定性至关重要。

在迭代计算过程中，需要特别关注线饼的形变位移。如果在动态力的作用下，线饼向下或向上的变形位移超过了导线轴向尺寸的五分之四，这表明线饼的位移已经达到了一个临界值，变压器绕组极有可能发生倾斜失稳或坍塌。在这种情况下，可以认为变压器的轴向稳定性是不合格的。

以实际变压器为示例，对其进行整体变形及轴向稳定性计算。绕组线饼内外层间轴向变形对比如图 9.2 所示，绕组线饼总变形与轴向变形对比如图 9.3 所示。

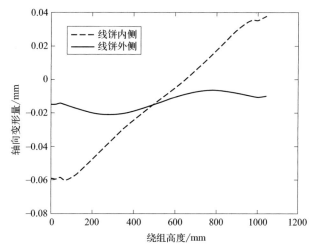

图 9.2　绕组线饼内外层间轴向变形对比

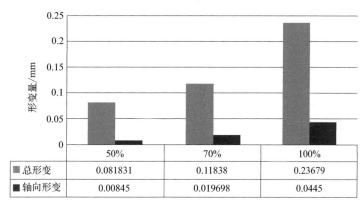

	50%	70%	100%
■总形变	0.081831	0.11838	0.23679
■轴向形变	0.00845	0.019698	0.0445

图 9.3　绕组线饼总形变与轴向形变对比

根据图 9.2 和图 9.3，我们可以得出以下结论。

① 短路电流与形变关系。在单次短路冲击下，随着短路电流的增大，变压器的整体总形变也逐渐增大。这表明短路电流的大小对变压器绕组的形变有直接影响。

② 最大形变位置。在单次 100% 短路电流的冲击下，绕组整体最大总形变出现在绕组中部的饼上，形变量的最大值为 0.24mm。这说明中部线饼在短路冲击下承受了较大的应力和产生了较大形变。

③ 轴向形变最大位置。绕组的轴向形变最大位置位于绕组端部径向内部，形变量为 0.04mm。相比之下，径向外部的形变量较小。

④ 轴向稳定性评估。根据上述形变数据，可以判断在单次短路冲击下，该变压

器绕组的轴向稳定性是合格的。因为所观察到的形变量尚未达到可能导致轴向失稳的水平。

9.3 绕组强度辐向计算

在探讨大容量变压器在次级输出短路故障状态下的稳定性问题时，我们必须关注绕组所承受的复杂力学作用。在这种极端状态下，绕组不仅面临着巨大的辐向拉力或压力，而且还可能因之发生辐向屈曲，进而导致结构失稳和破坏。这种屈曲现象是变压器在短路冲击下的一个薄弱环节，其失稳损坏已成为短路事故的主要原因。

在次级输出短路发生时，内侧线圈在内径圆周上受到向铁芯方向的短路力作用，使得线圈沿内径方向收缩。这一收缩过程会引发线匝中的抗收缩反作用应力和抗弯反作用应力，这些应力可能导致线匝绝缘的破损。相对地，外绕组在直径圆周上则受到向外拉伸的力，导致直径增大，从而在导线中产生拉伸应力，这种应力可能引起匝绝缘损坏，进而造成匝间短路或绕组径向稳定性的降低。当内侧线圈辐向失稳时，内径圆周方向的两根油道绝缘撑条之间的线段会产生径向不对称的位移和非线性变形，而且并非所有线段都会在同一轴向高度上产生这种变形。

确保绕组的辐向稳定性，关键在于保证绕组导线的拉伸应力或压缩应力低于辐向屈曲失稳的临界值，并留有足够的安全裕度。绕组的辐向失稳临界应力值与压缩应力值之比被定义为辐向失稳安全系数。考虑到铁芯上套装绕组时线匝竖直撑条的非理想固紧状态，我们建立了变压器弹塑性圆拱失稳模型。利用小变形线性有限元理论，我们计算了线匝的径向各阶屈曲载荷，并给出了绕组辐向失稳的载荷判据，进而分析了变压器的整体稳定性，并为模型实验提供了必要的数据。

线圈受到的辐向动态电磁力主要集中在靠近铁芯及主漏磁空道的线段。然而，由于绕组是一个质量分布的连续体，内层分布质量线匝对外层分布质量线匝的形变具有限制作用。外层与内层线匝之间的碰撞属于非完全碰撞，由此产生的相互作用力部分传递给内层分布质量线匝，对外层线匝所受的短路力起到分散作用，从而降低了外层线匝受到的辐向瞬态短路力。同时，由于力的传递作用，分散的短路力部分也会传递到内层线匝，导致其辐向瞬态短路力有所增加。

绕组的辐向屈曲稳定性主要取决于两个因素：一是变压器线圈结构所确定的临界许用机械强度；二是绕组所受到的短路电磁力。外绕组受到的拉伸应力值增大至某一极限值时，可能导致导线断裂。而内绕组受到的压缩应力，通过撑条传递到铁芯，但若绕组在套装过程中存在工艺缺陷，使得部分撑条失效，也可能导致内绕组局部变形过大。因此，采用临界许用应力来校核绕组的许用机械强度是至关重要的。

在变压器绕组的失稳分析中，为了简化问题并便于理论计算，我们通常采用一种抽象的力学模型来描述其结构特性和受力情况。辐向绕组由多个线匝紧密构成，每个线匝又由多根导线绕成，而轴向绕组则由多个线饼组成，线饼之间均匀布置有油道垫块，绕组线段之间由辐向撑条提供支撑。这样的结构设计旨在保证绕组在电磁力作用下的稳定性。

在进行绕组稳定性的力学分析时，我们可以将变压器绕组抽象为一个多跨的圆拱结构，其中垫块处提供支撑，撑条之间的部分则被视为弹塑性圆拱。这种模型考虑了撑条在实际应用中不能完全固紧的情况，因此将垫块等效为弹性支撑。基于上述假设，我们可以构建一个变压器绕组的辐向模型，如图9.4所示。该模型将绕组视为由多个弹性支撑点和弹塑性圆拱组成的结构，这样的模型能够较好地反映绕组在实际运行中的稳定性特性。

变压器绕组的动态分析中，考虑到绕组的剪切劲度系数比绕组外绝缘捆绑附件的高，我们可以将绕组中的每个线匝视为独立的质量单元，它们分别对动态电磁力做出响应。这种假设允许我们将整个内绕组简化为一个分布的质量系统，从而便于分析和计算。

图 9.4　两端弹性支撑的弹塑性圆拱

在这种模型中，我们忽略变压器油的阻尼效应以及绕组与附属结构之间的摩擦力。这样的简化有助于集中关注绕组本身在电磁力作用下的动态行为。电磁力在绕组上的分布是不均匀的，其中内侧导线承受的力最大，而外侧导线承受的力最小。这种分布规律反映了变压器内部电磁场的非均匀性，以及不同位置线匝所受力的差异。

具体来说，绕组上的整体短路力呈现出线性分布的特性，这意味着从内到外，力的大小逐渐减小。这种分布特性对于理解和预测绕组在短路冲击下的稳定性至关重要，因为它直接影响到绕组内部的应力分布和可能的失稳模式。其分布规律为：

$$q(t)=p_1+\beta\{p_2+\beta[p_3+(p_1+\cdots+\beta p_m)]\} \tag{9.10}$$

式中，p_1 为靠近铁芯竖直支撑的线匝的短路力；p_i 为油道撑条第 i 层线匝的短路力；p_m 为外径圆周线匝上的短路力；β 为力的分散作用系数。由于靠近铁芯的内绕组线匝受力最大且其半径最小，故知靠近铁芯的内绕组失稳是辐向失稳的主要原因。

9.3.1　辐向力计算

绕组中轴向漏磁感应强度 B_y 与短路电流相互作用产生辐向安培力 F_x。辐向力使外绕组沿直径扩大方向拉伸，使内绕组沿辐向直径减小方向向内压缩。根据安培力公式可得线段单位长度辐向力：

$$F_x = B_{y\max} i_{ch} \tag{9.11}$$

式中，$B_{y\max}$ 为突然短路情况下轴向磁通密度的最大值；i_{ch} 为短路电流的峰值。

在绕组内所产生的压应力为：

$$\sigma = \frac{F_x r}{S n_0} \tag{9.12}$$

式中，r 为各线饼辐向平均半径；S 为单根导线截面积；n_0 为每饼匝数。

当竖直撑条间距很小，扭曲受到铁芯、油道撑条等限制时，大容量变压器的径向短路强度主要由和垫块无关的翘曲决定。同时，径向短路强度也受到绕组轴向预紧力、辐向结构和绕组套装工艺等因素影响。对于由结构本身决定的自然翘曲，绕组许用载荷的短路强度判据为：

$$P_j = K \xi_1 \xi_2 m^{cx_3} h (b/R_p)^{3c} \tag{9.13}$$

式中，K 为与结构无关的修正系数；ξ_1 为与靠近铁芯支撑数有关的常数；ξ_2 为与自然频率有关的系数；c 为机械结构决定的常数；x_3 为绕组导线材料刚度属性决定的常数。

绕组的辐向失稳安全系数大于1，则绕组在理论上能够承受短路力冲击而不发生失稳损坏。然而，实际上考虑线饼质量的分散性、绕组的装配工艺、垫块材料的稳定性等因素影响，其安全系数应再放大 $30\% \sim 50\%$ 以上。

9.3.2　算例

以实际变压器为示例，对其进行整体总形变及辐向稳定性计算，如图9.5所示。

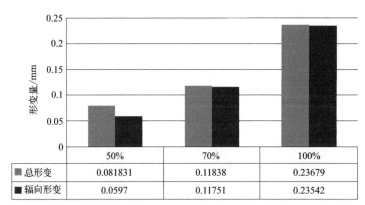

图 9.5　绕组总形变与辐向形变对比

根据图9.5，我们可以得出结论，所研究的模型变压器在单次短路冲击下，随着短路电流的增加，其整体总形变和辐向形变均呈现增大的趋势。这一现象表明，短路电流的大小对变压器绕组的形变有直接影响，且形变的程度与短路电流的强度成正比。

在单次 100% 短路电流的冲击下，模型变压器的整体总形变最大值出现在绕组中部的饼上，达到 0.24mm。这一形变主要集中在绕组的中部区域，表明在短路电流作用下，绕组中部承受了较大的应力和形变。同时，绕组的辐向形变最大值位于绕组端部径向内部，为 0.235mm。这一结果进一步说明，在短路冲击下，绕组端部的径向内部是辐向形变最为显著的区域。

尽管形变量较大，但绕组的辐向应力并未达到临界载荷值，这意味着在单次短路冲击下，该变压器的绕组并未发生辐向失稳。

第 **10** 章

电力变压器绕组承载力设计案例

10.1 概述

变压器绕组的稳定性研究是确保其在运行中安全可靠的重要方面。通过对绕组辐向平衡分叉失稳、辐向二阶弹性稳定性和弹塑性稳定性的研究，我们可以了解到在大多数情况下，变压器绕组在达到辐向稳定极限状态时会发生弹塑性稳定性破坏。这种破坏模式类似于直杆构件在不同载荷工况下的稳定性行为。

变压器绕组与直杆构件的受力状态对比如下。

① 单纯受压状态：在某些工况下，变压器绕组可能仅受到轴向压力的作用，类似于直杆构件的轴心受压状态。在这种状态下，绕组的稳定性主要受到轴向压力的影响。

② 同时承受压力与弯矩状态：更常见的情况是，变压器绕组在运行中同时承受轴向压力和弯矩的作用，这与直杆构件的压弯状态相似。在这种复合受力状态下，绕组的稳定性受到更复杂的影响，包括压力和弯矩的相互作用。

理想载荷下变压器绕组与直杆构件的轴心受压构件相对应，周向不均匀分布载荷下变压器绕组与直杆构件的压弯构件相对应。理想载荷下的变压器绕组模型通常用于研究绕组在均匀分布载荷下的稳定性，这与直杆构件的轴心受压构件相对应。这种模型简化了实际工况，便于分析和理解绕组的基本稳定性特性。周向不均匀分布载荷下的变压器绕组模型则考虑了实际工况中绕组可能遇到的复杂载荷分布，类似于直杆构件的压弯构件。这种模型更能反映实际运行条件下绕组的稳定性行为。

理想载荷作用下的变压器绕组模型是理解和分析变压器辐向稳定性的基础。理想载荷下的辐向稳定承载力研究为变压器绕组的辐向稳定设计提供了直接的指导。通过这些研究，工程师可以确定绕组在理想条件下的稳定性极限，从而在设计阶段就考虑到这些因素，确保变压器在实际运行中的稳定性。此外，理想载荷作用下的模型也是研究周向不均匀分布载荷下变压器绕组稳定承载力的基础。这种基础研究有助于开发更为复杂的模型，以适应实际工况中的变化和不确定性。

在实际工况下，变压器绕组在不同高度的线饼内会同时受到压力和弯矩的作用。这些复杂的受力状态与理想载荷下的辐向稳定承载力紧密相关。正如直杆构件的轴心受压构件与压弯构件之间的关系，理想载荷下的稳定设计曲线对于周向不均匀分布载荷下的稳定设计至关重要。稳定设计曲线的应用中，压弯构件的平面内稳定设计需要参考轴心受压构件的稳定设计曲线，这是因为轴心受压构件的稳定性是压弯构件稳定性分析的基础。类似地，变压器绕组在周向不均匀分布载荷下的辐向稳定设计也需要利用理想载荷下的辐向稳定设计曲线。这些设计曲线提供了一个基准，用于评估实际工况下绕组的稳定性。

本章的研究工作将基于前几章的性能研究和现有文献的成果，采用数值理论研究方法，对理想载荷作用下变压器绕组的辐向弹塑性稳定承载力进行深入分析。这一研究对于变压器绕组的设计和稳定性评估具有重要意义，特别是在考虑实际制造过程中可能出现的几何缺陷和残余应力时。在模型中考虑变压器绕组制造和组装过程中可能产生的几何缺陷，如线饼的不圆度、支撑结构的不平整等，这些缺陷可能影响绕组的稳定性。考虑绕组在制造和热处理过程中可能产生的残余应力，这些应力可能来源于材料的加工硬化、焊接或其他热影响过程。

基于数值理论研究，给出理想载荷下变压器绕组的辐向稳定设计曲线。这些曲线将展示绕组在不同载荷条件下的稳定性极限，为设计提供指导。研究结果将为变压器绕组的设计者和研究人员提供重要的参考信息。设计曲线可以帮助工程师评估绕组在理想载荷下的稳定性，从而进行必要的设计调整。

10.2　初始缺陷和残余应力

在理想载荷作用下，变压器绕组的辐向稳定性受到多种不利因素的影响，其中初始几何缺陷和残余应力是两个主要考虑的因素。这些因素会影响绕组在失稳临界状态下的行为，从而影响其辐向稳定承载力。本节将考察初始几何缺陷，特别是当缺陷的最大幅值变化时，对变压器绕组辐向稳定承载力的影响。

假设施加于变压器绕组的初始几何缺陷为反对称，且与失稳模态相一致。缺陷的最大幅值分别设定为 $0.1‰$、$1.0‰$、$2.0‰$ 周长，以模拟不同程度的几何不完美。以跨度 $\theta = 106°$、长细比 $\lambda = 20 \sim 200$ 的变压器绕组为例，这些参数的选择反映了实际变压器绕组的尺寸范围，通过计算，得到初始几何缺陷对理想载荷作用下变压器内绕组辐向稳定的影响曲线，如图 10.1 所示。这些曲线揭示了不同量级几何缺陷对绕组稳定性的具体影响。

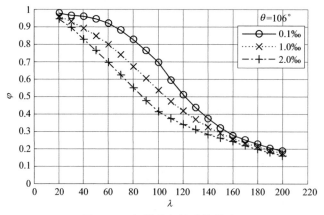

图 10.1　初始几何缺陷的影响

图 10.1 展示了理想载荷作用下变压器绕组的辐向稳定承载力与初始几何缺陷之间的关系。稳定系数 φ 是衡量绕组在极限状态下稳定性的一个关键参数，它定义为导体截面的极限压力与全截面屈服压力的比值。根据 IEC 标准和国家标准 GB 1094.5—2008，不同类型的绕组和导线（常规导线、非自粘式连续换位导线、自粘式导线和连续换位导线）有其对应的稳定系数取值。对于连续式绕组、螺旋绕组、单层绕组及绕组中的常规导线和非自粘式连续换位导线，稳定系数 φ 取 0.35。对于自粘式导线和连续换位导线，稳定系数 φ 取 0.6。

图 10.1 表明，即使是微小的几何缺陷也会导致理想载荷作用下变压器绕组辐向稳定承载力的降低。随着几何缺陷的增大，绕组的辐向稳定承载力进一步降低，这表明几何缺陷对绕组稳定性有显著的不利影响。特别是当长细比 λ 等于 100 时，几何缺陷对绕组辐向稳定承载能力的削弱最为严重。这可能是因为在这一长细比下，绕组的几何形状对稳定性的影响更为敏感。当长细比在 60 至 120 的范围内时，几何缺陷的不利影响较大，这可能与绕组的几何特性和受力状态有关。对于长细比较小和较大的绕组，几何缺陷对辐向稳定承载力的影响相对较小，这可能是因为在这些长细比下，绕组的几何形状对稳定性的影响较小。

变压器绕组在制造过程中，尤其是在绕制阶段，会产生残余应力。这些残余应力通常是由冷弯过程引起的，主要出现在发生塑性变形的部位和截面。在变压器的额定工况下，这些残余应力对变压器的稳定运行影响不大，因为此时的电磁力载荷相对较小。然而，在故障冲击等极端工况下，情况会显著不同。此时，变压器绕组需要承受巨大的电磁力载荷，残余应力的存在可能会导致绕组截面在较小的外部载荷下就产生屈服。这种屈服会降低绕组的刚度，使得绕组更容易发生变形。

残余应力使得绕组在面对电磁力载荷时更容易屈服，降低了绕组的结构刚度，从而影响了其整体稳定性。载荷和变形之间存在二阶耦合效应，即变形会增大载荷作用下的应力分布不均匀性，进一步加剧变形，形成恶性循环。由于上述因素的共同作用，绕组可能最终在压力与弯矩的共同作用下发生失稳破坏。这种破坏通常是突然的，可能会导致变压器的严重损坏。

以绕组辐向平面建立极坐标系，计算参数如图 10.2 所示，绕组外半径为 R_1，绕组截面内任意一点坐标为 (R_2, θ)，绕制前有如下关系：

$$R_1 \theta = S_1 > S_2 = R_2 \theta \tag{10.1}$$

绕制后绕组截面内任意一点应变为：

$$\varepsilon_\rho = \lim_{S_1 \to 0} \left(\frac{S_2 - S_1}{S_1} \right) \tag{10.2}$$

将式(10.1)代入式(10.2)得到绕组截面内任意一点残余应变如式(10.3)所示，将式(10.3)的关系代入应力-应变曲线可以得到绕组截面任意一点的残余应力。

$$\varepsilon_\rho = \lim_{\theta \to 0} \left(\frac{R_2 - R_1}{R_1} \right) = \frac{R_2 - R_1}{R_1} \tag{10.3}$$

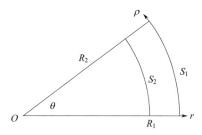

图 10.2　计算参数与坐标系

残余应力对理想载荷作用下变压器绕组辐向稳定承载力的影响曲线见图 10.3，残余应力同样降低绕组的辐向稳定承载力。

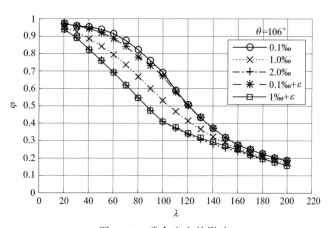

图 10.3　残余应力的影响

初始几何缺陷和残余应力对变压器绕组的辐向稳定承载力有显著影响，但其影响程度与绕组的长细比密切相关。以下是对不同长细比对绕组影响的详细分析。

① 长细比较小的短粗绕组：在这类绕组达到极限状态时，由于其结构较为紧凑，绕组截面大部分进入屈服状态。因此，残余应力的存在对绕组的整体稳定性影响不大，因为外载荷与几何缺陷产生的二阶非线性效应较弱。几何缺陷和残余应力对这类绕组的辐向稳定承载能力的影响相对较小。

② 中等长细比的绕组：对于中等长细比的绕组，在极限状态下只有部分截面进入屈服状态，此时绕组发生弹塑性稳定破坏。几何缺陷的存在会加大外载荷产生的二阶非线性效应，显著降低绕组的几何刚度。残余应力会使绕组截面提前屈服，减少绕组截面的抗力效应，从而严重降低辐向稳定承载力。因此，几何缺陷和残余应力对这类绕组的影响较为严重。

③ 长细比较大的绕组：对于长细比较大的绕组，几何非线性效应非常显著，导致绕组的几何刚度迅速降低，容易发生近似于弹性的辐向失稳破坏。在这种情况下，残余应力的作用几乎来不及充分体现，因为绕组的失稳破坏发生得较快。同时，由于外载荷作用下绕组的变形较大，初始几何缺陷的影响相对较小，因此，残余应力和初始几何缺陷对这类绕组的辐向稳定承载力的影响较小。

10.3　承载力设计算例

在前述中，已经对理想载荷作用下变压器绕组辐向稳定系数的影响因素进行了详细的计算分析。这些影响因素包括初始几何缺陷、残余应力等，它们对绕组的稳定性有着显著的影响。基于这些分析，本节将进一步开展工作，计算理想载荷作用下变压器绕组的辐向稳定承载力，并提供相应的设计曲线。

对于理想载荷下变压器绕组辐向整体稳定性的承载力设计，推荐采用与轴心受压构件相同的设计公式：

$$\frac{N_{cr}}{\varphi A} \leqslant f \tag{10.4}$$

式中，N_{cr} 为设计荷载作用下绕组截面压力；A 为绕组截面面积；f 为导线材料屈服强度；φ 为理想载荷下变压器绕组辐向稳定系数。

在给定的条件下，即跨度 $\theta = 45°\sim180°$、长细比 $\lambda = 20\sim200$，考虑千分之一的初始几何缺陷和残余应力，对理想载荷下变压器绕组的稳定性进行了详细的计算分析。通过选取任一导线截面作为计算对象，可以得到稳定系数与长细比和跨度的关系，并在图 10.4 中展示结果。

图 10.4 展示了在不同跨度 θ 下，考虑初始几何缺陷和残余应力影响的理想载荷作用下变压器绕组的稳定系数曲线。从图中可以观察到，大部分跨度下的稳定曲线相似度较高，并且随着长细比 λ 的增大，这些曲线趋于一致。这表明在较高长细比的情况下，跨度的影响可以忽略，因此可以采用单一的曲线来描述稳定系数与长细比的关系。

参照轴压构件稳定系数的制定方法，通过取不同跨度下稳定曲线的平均值，可以得到一个综合考虑各种跨度影响的稳定系数曲线。对这些平均值进行数学拟合，可得

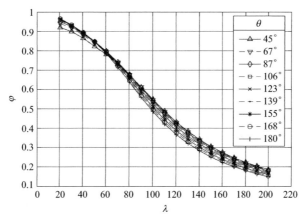

图 10.4　理想载荷作用下变压器内绕组辐向稳定曲线

到一个简洁的公式或函数，该公式可以用来预测在不同长细比下变压器绕组的理想载荷稳定系数，稳定系数曲线如图 10.5 所示，可供设计时参考采用，拟合公式如下：

$$\varphi = a_1\lambda^4 + a_2\lambda^3 + a_3\lambda^2 + a_4\lambda + a_5 \qquad (10.5)$$

式中，$a_1 = -1.837\mathrm{e} - 9$；$a_2 = 1\mathrm{e} - 6$；$a_3 = -1.702\mathrm{e} - 4$；$a_4 = 5.013\mathrm{e} - 3$；$a_5 = 0.9089$。

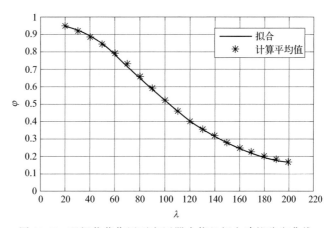

图 10.5　理想载荷作用下变压器内绕组辐向建议稳定曲线

10.4　试验与算例

本书通过数值模拟方法对变压器内绕组的辐向失稳特性进行了深入的理论研究，得到了重要的计算结果，包括弹性屈曲系数和考虑初始缺陷与残余应力影响的稳定系数曲线。这些研究结果为理解变压器绕组的稳定性提供了理论基础。

本节的工作将在此基础上进一步推进，通过计算产品级变压器绕组的辐向失稳临界载荷和稳定系数，以及对变压器产品用导线进行力学特性测量，旨在实现以下两个目标。

① 提供适用于工程的变压器内绕组辐向稳定性设计方法。

通过具体的产品级算例，将理论研究与实际工程应用相结合，提供一种实用的变压器内绕组辐向稳定性设计方法。这种方法将考虑实际变压器绕组的设计参数和工作条件，确保设计出的绕组在实际运行中具有良好的稳定性。

② 为变压器内绕组辐向稳定性计算系数提供依据。

通过对变压器产品用导线进行力学特性测量，如弹性模量、屈服强度和残余应力等，可以为辐向稳定性计算中的系数提供实验数据支持。这些测量数据将用于验证和校准数值模拟模型，提高计算结果的准确性和可靠性。

变压器产品用导线力学特性用金属铜拉伸试验测量，由某电气公司委托测试并提供试验数据。

变压器产品用金属铜的拉伸试验设备为微机控制电子万能试验机 WDW-20，采用四种典型的变压器铜导线材料尺寸进行试验，测试数据曲线如图 10.6 所示。

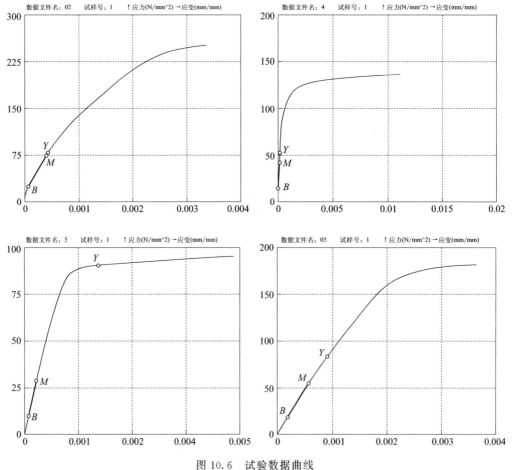

图 10.6　试验数据曲线

根据拉伸测试计算变压器导线用铜的弹性模量 $E=110\mathrm{GPa}\pm1.1\mathrm{GPa}$，屈服强度 $f=120\mathrm{MPa}\pm1.2\mathrm{MPa}$，验证了本文计算采用的弹性模量和屈服强度符合变压器绕组稳定性计算需求。

变压器内绕组辐向失稳临界载荷和稳定系数由本书推导的模型进行计算，由于临界失稳载荷同时与绕组计算尺寸和跨度相关，因此需要采用双线性插值的方式进行屈曲系数的计算，计算模型如下所示。

假设屈曲系数为 $K=K(\lambda,\theta)$，有已知 $K_1=K(\lambda_1,\theta_1)$、$K_2=K(\lambda_1,\theta_2)$、$K_3=K(\lambda_2,\theta_1)$ 和 $K_4=K(\lambda_2,\theta_2)$ 四个点的值，有

$$K(R_1)\approx\frac{\lambda_2-\lambda}{\lambda_2-\lambda_1}K_1+\frac{\lambda-\lambda_1}{\lambda_2-\lambda_1}K_3,\quad R_1=(\lambda,\theta_1) \tag{10.6}$$

$$K(R_2)\approx\frac{\lambda_2-\lambda}{\lambda_2-\lambda_1}K_2+\frac{\lambda-\lambda_1}{\lambda_2-\lambda_1}K_4,\quad R_2=(\lambda,\theta_2) \tag{10.7}$$

则

$$K(\lambda,\theta)\approx\frac{\theta_2-\theta}{\theta_2-\theta_1}K(R_1)+\frac{\theta-\theta_1}{\theta_2-\theta_1}K(R_2) \tag{10.8}$$

联立得到屈曲系数计算模型如下

$$K\approx\frac{K_1}{(\lambda_2-\lambda_1)(\theta_2-\theta_1)}(\lambda_2-\lambda)(\theta_2-\theta)+\frac{K_3}{(\lambda_2-\lambda_1)(\theta_2-\theta_1)}(\lambda-\lambda_1)(\theta_2-\theta)$$
$$+\frac{K_2}{(\lambda_2-\lambda_1)(\theta_2-\theta_1)}(\lambda_2-\lambda)(\theta-\theta_1)+\frac{K_4}{(\lambda_2-\lambda_1)(\theta_2-\theta_1)}(\lambda-\lambda_1)(\theta-\theta_1)$$
$$\tag{10.9}$$

式（10.9）即为适用于任意绕组计算尺寸的屈曲系数的计算模型，与本书推导的失稳载荷计算模型联立即可计算产品级变压器内绕组辐向失稳临界载荷。

对于不同的变压器绕组导线类型，式中惯性矩 I 项的处理方式有所差异，普通导线或自粘式换位导线：

$$I=\frac{nwt^3}{12} \tag{10.10}$$

式中，n 为导线辐向并绕根数；w 为普通或换位导线宽度；t 为普通或换位导线厚度。

对于热粘合换位导线，环氧树脂的性能和热粘合的工艺对粘合效果产生影响，在实际工况中导线的实际惯性矩可能低于理想数值，因此，对于式中的厚度 t 应做不同处理，对于自粘换位或自粘组合导线，t 取实际厚度的 80%，对于普通导线，t 取实际厚度的 50%。

变压器内绕组辐向失稳临界载荷和稳定系数算例用第 2 章短路电流计算模型变压器，绕组尺寸参数如表 10.1 所示。

表 10.1　尺寸参数

参数	内/外绕组
绕组形式	连续式
线规	$HQQn-1.95\times\dfrac{1.65\times7.5}{23.48\times17.58}\times(23'')\times2''$
内半径/mm	801/1104
辐向尺寸/mm	198
轴向尺寸/mm	360

对试验变压器内绕组辐向失稳的临界载荷和稳定系数进行计算，计算结果如表 10.2 所示。

表 10.2　计算结果

参数	自由翘曲	强制翘曲
失稳载荷/(N/m)	150	50
稳定系数	0.5	0.95

第**11**章

电力变压器绕组匝间短路深度
学习辨识案例

11.1 概述

在本章节中，我们利用构建的卷积神经网络（CNN）模型，针对变压器副边发生不同匝数短路的工况进行辨识。该 CNN 模型的结构参数是使用本书中设计的参数进行配置的。研究的目的是通过机器学习技术，提高对变压器匝间短路故障的识别能力，从而增强变压器的监测和诊断效率。

在前述中，通过对变压器端口电压电流数据的特征分析，我们发现不同电压等级的变压器在匝间短路时表现出相似的端口电压、电流特征信息。基于这一发现，本章选择以 10kV 电压等级的变压器为例，对副边绕组发生不同匝数短路的情况进行辨识。特别需要注意的是，在特征分析中我们发现，当变压器发生 1% 至 2% 匝短路时，其端口电压、电流特征信息难以被准确测量。因此，本章将重点关注 3% 匝以上不同匝数短路的辨识。

为了进行有效的数据训练和测试，我们采用了本书中制作变压器端口电压、电流数据集的方法。具体来说，我们为 2 匝、3 匝、4 匝、5 匝、6 匝的短路工况分别制作了数据集。数据集的采样频率设定为 5000Hz，互感器的测量精度为 0.5 级。每个数据集样本的大小为 1 周期窗口，分辨率为 256 像素×256 像素。在每个匝数短路工况中，我们选取了 200 张图像，其中 120 张用于训练，60 张用于测试，剩余的 20 张用于验证。

通过这样的数据准备和划分，我们的 CNN 模型能够接受充分的训练，并通过测试集和验证集来评估模型的性能。图 11.1 展示了训练过程的示意图。

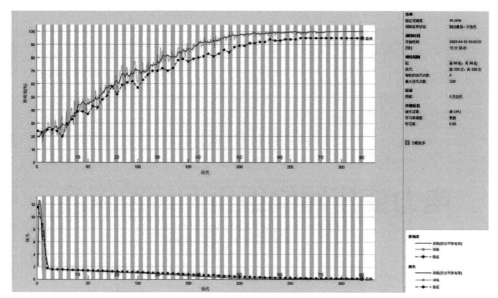

图 11.1　不同匝数短路辨识

训练集准确率达到了 95%，绘制测试集的预测类型的混淆矩阵如图 11.2 所示。

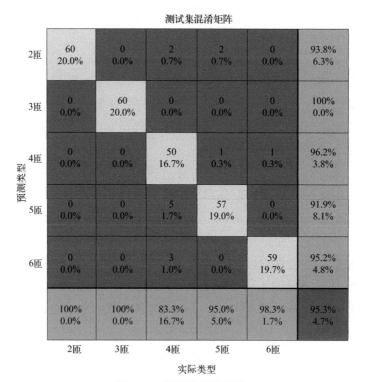

图 11.2　测试集混淆矩阵

根据图 11.2 所示的结果，我们可以对卷积神经网络（CNN）模型在变压器匝数短路辨识任务上的性能进行详细分析。从图中可以明显看出，模型在不同类型的短路样本上的表现各有差异，但总体上达到了较高的准确率。

短路 2 匝和短路 3 匝样本：模型对于短路 2 匝和短路 3 匝的样本实现了完全正确的辨识，这说明模型能够有效地区分这两种匝数短路情况。

短路 4 匝样本：在 60 个短路 4 匝的样本中，有 50 个被正确辨识，准确率达到了 83.3%。误分类的样本中，5 个被错误地辨识为短路 5 匝，3 个被错误地辨识为短路 6 匝，2 个被错误地辨识为短路 2 匝。这可能表明短路 4 匝的样本在特征上与短路 5 匝和短路 6 匝有一定的相似性，导致了部分样本的误分类。

短路 5 匝样本：短路 5 匝的样本中有 57 个被正确辨识，准确率为 95%。有 2 个样本被误分类为短路 2 匝，1 个被误分类为短路 4 匝。这表明模型在处理短路 5 匝样本时表现出较高的准确性，但仍有极少数样本存在误分类的情况。

短路 6 匝样本：短路 6 匝的样本中，有 59 个被正确辨识，准确率为 98.3%。仅有 1 个样本被错误地辨识为短路 4 匝，显示出模型在处理短路 6 匝样本时具有极高的辨识能力。

综合考虑所有类型的样本，模型在测试集上的最终准确率达到了 95.3%。这一结果表明，所构建的 CNN 模型在变压器匝数短路辨识任务上具有较好的性能，能够为变压器的故障诊断提供有效的技术支持。

11.2 变压器匝间短路辨识算例

在电力系统的实际操作中，变压器的负载率（η）是一个关键参数，它直接影响到变压器的效率和寿命。根据电力系统的运行经验，变压器在额定容量的 65% 至 75% 的负载率下工作最为合适。这个负载率范围能够确保变压器在满足系统需求的同时，保持较高的效率和较低的损耗。

在进行仿真研究时，为了模拟实际运行条件，选择合适的负载率是至关重要的。根据所得信息，仿真时选取的负载率 74，即 74% 的额定容量，符合上述推荐的负载率范围。

前述中仿真时间设定为 0.2s，采样频率为 5000Hz。这意味着在 0.2s 的时间内，将采集 1000 个数据点。这样的采样频率可以确保数据的高分辨率，从而更准确地捕捉到负载变化的动态过程。

为了确保采样数据点与负载率均匀匹配，可以采用以下方法。

① 确定负载率变化范围：首先，根据变压器的额定容量确定负载率的变化范围，即 65% 至 75%。

② 分配数据点：然后，将 1000 个数据点在这个负载率范围内均匀分配。例如，如果负载率从 65% 线性变化到 75%，可以将 1000 个数据点分成 10 等份，每 100 个数据点代表一个负载率等级（从 65% 到 74%）。

③ 匹配负载率：接下来，将每一等份的数据点与相应的负载率匹配。这样，每

一等份的数据点都对应一个特定的负载率等级，从而可以分析负载变化对变压器性能的影响。

④ 创建负载率表：最后，可以创建一个负载率表，如表 11.1 所示，列出每个数据点对应的负载率，以便于分析和比较。

表 11.1　负载率分配

$\eta/\%$	66	68	70	72	74
数据点	1～200	201～400	401～600	601～800	801～1000

根据上表中的负载率分配，我们可以对变压器在不同时段进行不同负载率的仿真，以获得每周期都有所差异的数据点。这样的仿真策略确保了所采集的数据点在绘制成变压器端口电压、电流图像样本时具有多样性和代表性，从而为后续的机器学习模型训练提供丰富的数据集。

在设计卷积神经网络（CNN）参数之后，根据之前的分析结果，我们知道在 10/0.4kV 变压器副边绕组发生 1 匝匝间短路时，变压器端口电压、电流的变化幅度并不大于互感器的测量误差。因此，为了确保辨识的有效性，我们选择以发生 2 匝短路为例，即短路 4% 匝的情况，来进行变压器绕组匝间短路的辨识。

在本例中，我们考虑的是 10/0.4kV 变压器在三相阻性负载对称运行的情况下，三相负载比为 1 : 1 : 1。在这样的工况下，对副边绕组发生 4% 匝轻微匝间短路的情况进行辨识。通过训练 CNN 模型，我们可以得到模型在不同负载率下的辨识结果。

图 11.3 展示了训练过程中的结果，包括了模型的损失变化、准确率变化以及验证集上的性能表现等关键指标。

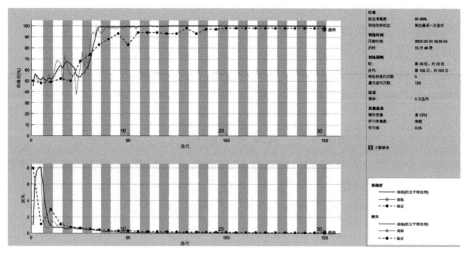

图 11.3　训练结果

在图 11.3 中，我们可以看到通过精心设计的数据集构建方法，为变压器端口电压、电流数据集制作了充足的训练样本。这些样本包括了变压器正常运行和匝间短路的数据图像，每种状态各选取了 400 个图像用于训练。为了保证模型的泛化能力，还从两种运行状态下的图像中分别选取了 200 张作为验证样本。

训练结果显示，随着迭代次数的增加，模型对于变压器正常运行状态和匝间短路状态的识别准确率逐渐提升。当迭代次数达到 100 次左右时，模型的识别准确率基本稳定在 97% 的水平。这一结果表明，所设计的卷积神经网络（CNN）模型能够有效地学习并区分变压器的不同运行状态，具有较高的准确性和可靠性。

为了进一步评估模型的性能，图 11.4 展示了测试集上的预测类型的混淆矩阵。混淆矩阵是一个非常直观的工具，它显示了模型预测结果与实际标签之间的关系。在混淆矩阵中，行代表实际的类别，列代表预测的类别。对于一个性能较好的分类器，混淆矩阵的对角线元素（即正确预测的数量）应是最大的，而非对角线元素（即错误分类的数量）应接近于零。

通过分析混淆矩阵，我们可以识别模型在哪些类别上表现良好，以及哪些类别可能导致误分类。如果混淆矩阵的对角线元素相对较大，且非对角线元素较小，这表明模型在各个类别上的预测都比较准确。相反，如果某些非对角线元素较大，则表明模型在这些类别上存在误分类的问题，可能需要进一步地调整和优化。

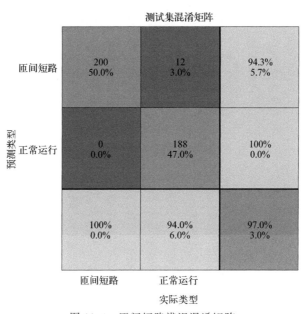

图 11.4　匝间短路辨识混淆矩阵

根据图 11.4，我们可以对卷积神经网络（CNN）模型在变压器端口电压、电流数据集上的预测性能有一个清晰的认识。模型在正常运行状态下的识别率为 94%，这是一个相当不错的结果，尽管仍有 12 个样本被错误地预测为匝间短路。对于匝间短路状态的识别，模型达到了 100% 的识别率，这意味着所有的匝间短路样本都被正确预测，显示出模型在这一特定状态下的高准确性。

综合正常运行和匝间短路两种状态的识别结果，模型的总识别正确率达到了 97%，这是一个非常令人满意的性能指标，表明模型能够有效地辨识变压器的不同运行状态。

为了进一步验证辨识方法的泛化能力和适用性，研究者对不同类型变压器的副边绕组发生 2%匝短路的情况进行辨识。这包括了 110/11kV 变压器和 220/10kV 变压器。通过使用相同的数据集构建方法，每种工况选取了 400 张图像作为数据集，其中 60%的图像用于训练，剩余的 40%用于测试。

图 11.5 和图 11.6 展示了这两种变压器类型的训练结果。通过比较这些结果，我们可以评估模型在不同变压器类型上的性能，以及辨识方法是否具有跨变压器类型的适用性。如果这些结果与 10/0.4kV 变压器的结果相似，即显示出高准确率，那么我们可以得出结论，所采用的辨识方法是不受变压器类型制约的，具有较好的通用性。

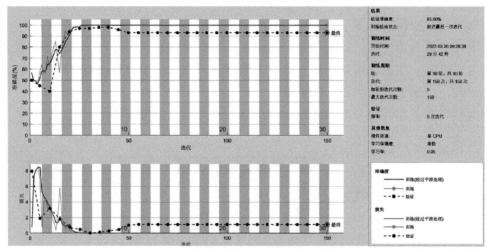

图 11.5　110kV 电压等级变压器匝间短路辨识结果

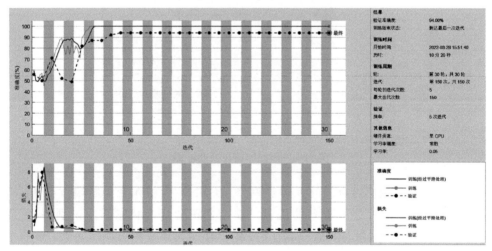

图 11.6　220kV 电压等级变压器匝间短路辨识结果

根据提供的信息，我们可以对不同电压等级变压器绕组发生匝间短路的辨识结果进行分析。在这两种类型的变压器上，匝间短路的辨识结果分别为 93%和 94%，这表明所采用的深度学习技术在变压器故障辨识上具有较高的准确性。在测试集中，使用 160 个匝间短路图像进行测试，得到的辨识率分别为 93.7％和 95％，误识率为 6.3％和 5％，这些结果进一步证实了模型的可靠性。

尽管不同电压等级的变压器在型号和端口电压、电流幅值上存在差异，但由于通过铁芯的磁通是相同的，因此匝间短路时变压器端口量的变化是可检测的。特别是在 2％匝短路时，变化的幅度超过了互感器的测量误差，这使得通过深度学习技术辨识匝间短路成为可能。

为了进一步验证模型在不同负载率下的性能，本节选取了 10/0.4kV 变压器作为例子，分别对负载率 $\eta = 40\% \sim 50\%$、$\eta = 90\% \sim 100\%$ 和过负载率 $\eta = 130\% \sim 140\%$ 三种不同负载条件下变压器副边绕组发生 4％匝短路的情况进行辨识。通过构建变压器端口电压、电流数据集，并从中选取 400 张图像作为测试样本，我们可以得到不同负载率下的测试集混淆矩阵。

图 11.7 展示了不同负载率下的匝间短路辨识结果，其中图（a）、图（b）和图（c）分别对应 $\eta = 40\% \sim 50\%$、$\eta = 90\% \sim 100\%$ 和 $\eta = 130\% \sim 140\%$ 时的辨识结果。混淆矩阵将提供每种负载率下模型预测的准确性，包括正确预测和错误预测的数量，从而帮助我们评估模型在不同负载条件下的性能。

根据图 11.7 的辨识结果，我们可以看到在三种不同的负载率工况下，测试集的准确率分别达到了 94.5％、95.8％和 94.8％。这一结果表明，尽管变压器在不同负载率下的端口电压、电流会有所变化，但通过在数据集制作过程中进行归一化处理，有效地消除了负载率变化对匝间短路辨识方法准确率的影响。归一化处理是机器学习中常用的数据预处理步骤，它通过将数据缩放到统一的数值范围，使得模型训练不受到原始数据量纲和尺度的影响，从而提高了模型的泛化能力和性能。

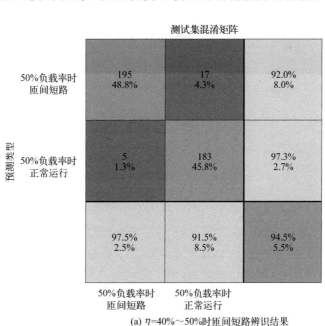

(a) $\eta = 40\% \sim 50\%$ 时匝间短路辨识结果

图 11.7

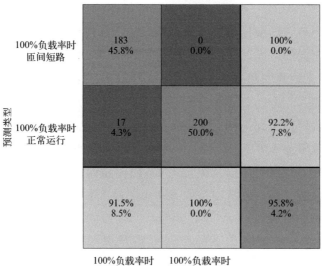

(b) $\eta=90\%\sim100\%$时匝间短路辨识结果

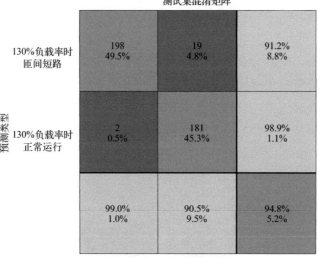

(c) $\eta=130\%\sim140\%$时匝间短路辨识结果

图 11.7　不同负载率时匝间短路辨识

　　在之前的分析中，我们考虑了 10/0.4kV 变压器在三相负载对称运行时副边绕组发生匝间短路的情况。然而，在实际运行中，变压器可能会面临三相负载不平衡的工况。在这种工况下，由于变压器的最大允许出力受到每相额定容量的限制，负载较轻的一相会有富余容量，导致变压器的整体出力降低。三相不平衡运行会对变压器的端口电压、电流产生影响，从而对绕组匝间短路的辨识造成一定的挑战。

　　为了量化三相负载不平衡的程度，国家规定了配电变压器三相负载不平衡率的标准，即不平衡率不应大于 15％。三相负载不平衡率的计算可以通过式（11.1）进行，该公式通常会考虑三相负载中的最大负载与最小负载之间的差值，以及额定负载的总量。

$$\beta = \frac{I_{\max} - I_{\min}}{I_{\max}} \qquad (11.1)$$

式中，$I_{\max}$ 为负载最大相电流；$I_{\min}$ 为负载最小相电流。

根据规定和三相负载不平衡率的计算公式，我们可以设定三相负载比，以模拟变压器在实际运行中可能遇到的三相负载不平衡情况。当 $10/0.4kV$ 变压器的负载率设定为 15% 时，根据最大相负载电流和最小相负载电流之比 $I_{\max} : I_{\min} = 20 : 17$，我们可以假设 A、B、C 三相负载之比为 $20 : 19 : 17$、$20 : 18 : 17$、$19 : 20 : 17$、$17 : 19 : 20$ 四种不同的工况。这些工况反映了不同程度的三相负载不平衡情况。

为了进行匝间短路辨识分析，我们采用数据集制作方法，针对上述四种三相不平衡运行时绕组发生 4% 匝短路前后的两种工况，各制作了 400 张数据图像。在这 400 张图像中，300 张被用作训练学习样本，以训练卷积神经网络（CNN）模型，而剩余的 100 张图像被用作测试集，以评估模型在三相不平衡负载条件下的性能。

表 11.2 展示了在四种不同的三相不平衡工况下，A 相副边绕组发生短路时的测试集辨识结果。

表 11.2　不同工况时匝间短路辨识结果　　　　　　　　　　　单位：%

测试类别	$20 : 19 : 17$	$20 : 18 : 17$	$19 : 20 : 17$	$17 : 19 : 20$
匝间短路	97	97	95	94
三相不平衡运行	3	3	5	6

根据表中测试集测试效果可知，四种工况的测试集准确率为 97%、97%、95%、94%，虽然三相负载不平衡运行对变压器三相端口电压、电流造成了改变，但是数据预处理中的归一化使得模型依旧有很高的辨识准确率。总体看来，在三相负载不平衡运行时模型也可以辨识出匝间短路。

对于变压器绕组在不同位置发生匝间短路的辨识，不同位置匝间短路示意图如图 11.8 所示。

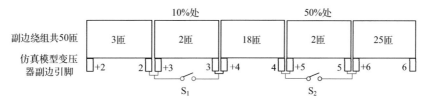

图 11.8　不同位置匝间短路示意图

在副边绕组 10% 和 50% 处发生匝间短路时，应用模型仿真得到两种位置的短路不同匝数的副边电流幅值，如表 11.3 所示。

表 11.3　不同位置短路不同匝数副边电流幅值

短路匝数	绕组 10％处短路副边电流/A	绕组 50％处短路副边电流/A
3％～4％	294.9241	294.9239
5％～6％	284.845	284.8463
7％～8％	271.4547	271.4507

通过表中的数据可以发现，在发生相同匝数的匝间短路时，不同位置的副边电流变化可以忽略不计。

在 10/0.4kV 变压器副边绕组首端 10％处和中部 50％处发生 4％匝轻微匝间短路工况下进行验证。从制作好的数据集中选取变压器绕组不同位置匝间短路的数据图像各 400 张作为训练样本，分别选取两种短路位置下数据图像中的 160 张作为最后的验证样本。训练结果如图 11.9 所示。

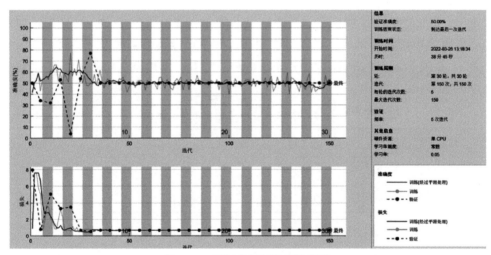

图 11.9　不同位置匝间短路辨识

根据前面分析，可以得出如下结论。

① 辨识准确率：在某些情况下，如不同位置的匝间短路，辨识准确率仅为 50％。这表明当前采用的方法在处理这类问题时存在局限性，无法准确地辨识出不同位置的匝间短路。

② 卷积神经网络结构：卷积神经网络（CNN）的结构包括卷积池化层、全连接层和输出层。这些层的组合构成了一个深度学习模型，能够从变压器端口电压、电流数据中学习到复杂的特征，以辨识匝间短路。

③ 训练过程：训练过程涉及前向传播、反向传播和分类流程。前向传播用于计算网络输出，反向传播用于根据输出误差调整网络权重，而分类流程则将网络输出映射到具体的类别标签。

④ 架构参数选择：根据数据集预处理后的特点，选择了适合的架构参数，搭建了一个具有 3 层学习层的 CNN 架构。这种架构能够有效地处理和学习数据集中的

特征。

⑤ 算例结果：算例结果表明，所采用的 CNN 架构对变压器绕组匝间短路具有很高的辨识准确率。此外，该方法不受变压器型号的限制，能够在不同型号的变压器上应用。

⑥ 负载率和三相不平衡的影响：通过对数据进行归一化处理，消除了负载率对匝间短路辨识方法准确率的影响。这意味着模型能够在不同负载率和三相不平衡的运行工况下保持较高的辨识性能。

⑦ 局限性：尽管模型在多数情况下表现出色，但由于变压器绕组不同位置发生轻微匝间短路时端口电气量变化很小，当前方法无法准确辨识这些微小的变化。这可能是由模型的感知能力或数据集的代表性不足所致。

虽然卷积神经网络在变压器绕组匝间短路辨识方面取得了一定的成功，但仍需进一步研究和改进，以提高对不同位置匝间短路的辨识能力。可能的改进方向包括增加数据的多样性、优化网络结构、引入更先进的特征提取技术等。通过这些努力，可以进一步提升变压器故障诊断的准确性和可靠性。

11.3　学习架构参数的影响

在卷积神经网络（CNN）对变压器端口电压、电流数据集进行分类辨识时，网络结构的参数确实对最终的辨识准确率有显著影响。由于输入的图像是二维的灰度图，卷积池化层在特征提取过程中起到关键作用。以下是一些关键参数及其影响的详细说明。

① 卷积核：卷积核是卷积层用于提取特征的工具。卷积核的数量和大小直接影响训练时间和模型性能。数量多的卷积核可以提取更多的特征，但同时也会增加计算量和训练时间。卷积核的大小则决定了感受野的大小，即卷积核能够覆盖的像素范围。

② 池化策略：池化层通常跟在卷积层之后，用于降低特征图的空间维度，减少计算量，同时保持重要特征。常见的池化策略有最大池化和平均池化。

③ 学习层数：学习层数决定了网络的深度，深度更深的网络能够学习更复杂的特征，但同时也可能导致训练时间增加和过拟合。

④ 学习率：学习率是优化算法中的一个重要参数，它决定了权重更新的步长。合适的学习率可以帮助网络更快收敛，而过高或过低的学习率都可能导致训练效果不佳。

在卷积过程中，卷积核在图像上滑动，应用滤波器运算，提取图像中的特定特征。卷积核的数量决定了输出特征图的维度，进而影响全连接层的运算量。

为了评估不同卷积核数量对辨识准确率和训练时间的影响，可以设计实验，保持其他参数不变，仅改变三个卷积层的卷积核数量。例如，第一层有 8 个卷积核，第二层有 16 个，第三层有 32 个。通过调整这些参数，并进行训练和测试，可以比较不同配置下的训练集准确率和训练时间。

表 11.4 展示了四组不同卷积核配置下的训练集辨识结果。

表 11.4　不同层卷积核数量训练集辨识结果

卷积核数量/个	训练时间/s	训练集准确率/%
8/32/32	18min23	94.3
8/16/32	15min38	95
4/8/16	13min42	88.9
2/4/8	10min30	80.1

根据表 11.4 中的数据，我们可以观察到卷积核数量对训练时长和训练集准确率的影响。随着卷积核数量的增加，网络能够提取更多的特征，但这也会导致计算量的增加，从而使得训练时长变长。这表明在设计卷积神经网络时，需要在模型的复杂度和训练效率之间找到一个平衡点。

另一方面，如果卷积核数量太少，可能会导致网络无法充分提取图像中的特征，从而影响模型的性能。这种情况下，模型可能无法捕捉到变压器端口电压、电流数据集图像中的关键信息，导致训练集准确率降低。因此，选择合适的卷积核数量对于构建一个高效且准确的模型至关重要。

接下来，使用 60 个变压器绕组匝间短路 6 匝的样本作为测试集，我们可以进一步评估模型在实际应用中的性能。测试结果如表 11.5 所示。

表 11.5　不同卷积核数量时测试集辨识结果

卷积核数量/个	2 匝/个	3 匝/个	4 匝/个	5 匝/个	6 匝/个
8/32/32	0	0	2	1	57
8/16/32	0	0	1	0	59
4/8/16	1	1	2	5	51
2/4/8	0	1	4	8	47

表中数据显示，卷积核数量的变化对变压器绕组匝数的辨识准确率有显著影响。当卷积核数量减少时，各种工况的辨识准确率均有所下降，特别是在短路 6 匝的测试集中，准确率从 95% 降至 78.3%。这表明卷积核数量的减少导致了对变压器端口电压、电流数据集图像特征提取的不充分，从而影响了模型的辨识能力。然而，当卷积核数量稍多时，对辨识准确率的影响并不显著，这可能意味着存在一个最优的卷积核数量范围，在这个范围内增加卷积核数量不会显著提高辨识准确率。

在卷积神经网络中，卷积核的大小确实影响着特征提取的区域大小和全局特征的质量。较大的卷积核能够覆盖更广的区域，提取更多的全局信息，但同时也会增加计算量，可能导致模型深度受限和计算性能下降。例如，直接使用 3×3×256 的卷积层会产生大量的参数，而通过使用较小的卷积核进行过渡，可以有效减少参数量，从而减轻计算负担。

通过实验不同的卷积核大小组合，我们可以进一步优化网络结构，以达到更高的训练集准确率。表 11.6 展示了不同卷积核大小组合下的训练集准确率。通过分析这些数据，我们可以选择最佳的卷积核大小组合，以提高模型的性能和效率。

表 11.6　不同卷积核大小训练集辨识结果

卷积核大小/个	训练时间/s	训练集准确率/%	损失率
$7\times7/3\times3/3\times3$	20min53	94	0.1847
$5\times5/3\times3/3\times3$	17min20	94	0.3571
$3\times3/3\times3/3\times3$	15min38	95	0.0725
$2\times2/3\times3/3\times3$	12min40	91.7	0.1130
$1\times1/3\times3/3\times3$	9min11	85.3	0.4932

表 11.6 中的数据揭示了卷积核大小对变压器绕组匝数辨识任务的影响。结果表明，随着卷积核尺寸的增加，训练时长增加，这是因为较大的卷积核需要处理更多的像素数据，从而导致计算量的增加。然而，较大的卷积核能够捕获更广泛的上下文信息，有助于提取图像中的全局特征，这可能有助于提高模型的辨识准确率。

相反，当卷积核尺寸减小时，虽然训练时长可能会减少，但可能会导致训练损失增加，因为在提取变压器波形图像特征时的误差变大。较小的卷积核主要捕获局部特征，可能无法有效地捕捉到图像中对辨识任务至关重要的全局信息。这种全局特征提取的不足可能导致训练集准确率降低。

在测试集上的表现，如表 11.7 所示，进一步验证了卷积核大小对模型性能的影响。使用 60 个变压器绕组匝间短路 6 匝的样本作为测试集，可以评估模型在实际应用中的泛化能力。测试结果将显示不同卷积核大小下的模型性能，包括准确率、召回率等关键指标。

表 11.7　卷积核不同大小时测试集辨识结果

卷积核大小/个	2匝/个	3匝/个	4匝/个	5匝/个	6匝/个
$7\times7/3\times3/3\times3$	0	1	0	1	58
$5\times5/3\times3/3\times3$	0	1	2	0	57
$3\times3/3\times3/3\times3$	0	0	1	0	59
$2\times2/3\times3/3\times3$	1	0	2	2	55
$1\times1/3\times3/3\times3$	0	3	4	7	46

表 11.7 中的数据表明，卷积核尺寸的变化对变压器绕组匝数的辨识准确率有显著影响。随着卷积核尺寸的减小，各种工况的辨识准确率普遍下降。特别是短路 6 匝的测试集准确率，从 96.7% 逐渐降低到 76.7%。这可能是因为较小的卷积核更多地关注局部特征，而忽略了图像中的全局信息，导致模型无法有效地捕捉到变压器端口电压、电流图像中的关键特征。

在卷积核数量方面，当卷积核数量略有变化时，对辨识准确率的影响不明显。但是，当卷积核数量大幅度减少时，会导致模型性能显著下降，误识率上升，并且容易将不同匝数的短路相互误识。这表明卷积核数量的适当增加有助于提高模型的辨识能力。

池化层在卷积神经网络中起着至关重要的作用，它通过降低特征图的空间维度来减少计算量，同时有助于提取更稳定的特征，减少过拟合的风险。池化操作的类型，如最大池化和平均池化，对模型性能也有影响。

最大池化通过取区域内的最大值来提取特征，这有助于保留最显著的特征；而平均池化则计算区域内的平均值，有助于平滑特征。这两种池化策略在特征提取上有不同的侧重点，可能会影响模型对变压器绕组匝间短路的辨识能力。

表 11.8 中的测试结果将展示在不同池化策略下，模型对 60 个变压器绕组匝间短路 6 匝样本的辨识性能。

表 11.8　不同池化策略时测试集辨识结果

池化策略	2 匝/个	3 匝/个	4 匝/个	5 匝/个	6 匝/个
最大池化	0	0	1	0	59
平均池化	1	0	2	2	55

表 11.8 的数据表明，最大池化在处理变压器端口电压、电流波形图像时，由于其能够更好地保留图像中曲线的关键特征，从而显著提高了模型的测试集准确率。这一结果强调了池化层在卷积神经网络中的重要性，尤其是在处理具有特定特征（如曲线）的图像时。

深度神经网络模拟人脑神经元网络的工作方式，通过多层次的非线性变换，能够学习到更高层次的特征表示。随着网络层次的加深，网络能够捕捉到更加抽象的特征，这在处理复杂任务时尤其重要。深度学习模型因其高度的抽象能力和学习能力，能够解决许多传统方法难以处理的问题。

然而，简单地增加浅层神经网络的训练次数并不总是有效的。虽然在一开始可以提高准确率，但很快就会遇到性能瓶颈，甚至可能出现过拟合现象，即模型在训练数据上表现良好，但在未见过的数据上泛化能力差。过拟合通常是由于模型复杂度过高，学习到了训练数据中的噪声而非真实信号。

为了探究网络深度对变压器绕组匝间短路诊断性能的影响，进行了一系列实验，从单层网络开始逐渐增加网络层次，并使用 60 个变压器短路 6 匝的样本作为测试集来评估模型性能。表 11.9 将展示不同网络深度下的测试结果。

表 11.9　不同卷积池化层数时测试集结果

卷积池化层数/层	2 匝/个	3 匝/个	4 匝/个	5 匝/个	6 匝/个
1	2	2	5	5	46
2	1	0	2	4	53
3	0	0	1	0	59

我们可以观察到网络深度对于变压器端口信息图像中波形曲线特征学习的重要性。随着网络层数的增加，模型能够更准确地捕捉到波形曲线的特征，从而显著提高了在变压器短路 6 匝的测试集上的准确率。具体来说，从 1 层池化层到 3 层池化层，测试集准确率从 76.7% 逐步提升至 98.3%，这一显著的增长表明了深度学习模型在特征提取方面的强大能力。

此外，从表中数据可以看出，当准确率下降时，短路 6 匝的样本更有可能被误识别为短路 4 匝和 5 匝，而不是短路 2 匝和 3 匝。这可能是因为短路 6 匝与短路 4 匝和 5 匝在波形曲线上的特征更为相似，而与短路 2 匝和 3 匝的差异更大。这种误识别的模式对于理解模型的决策过程和潜在的改进方向是有帮助的。

11.4　端口数据质量的影响

在图像识别问题中，输入层的每一个神经元可能代表一个像素的灰度值，卷积神经网络针对图像特点的特殊结构，可以快速训练。制作数据集时，图像 $P_{a\sim b}^Q$ 窗口大小中 $b=a+n$，关系式中 n 的取值将直接影响着其内部特征信息的多少。而互感器测量精度和采样频率更是决定能否将变化量在误差的允许下被测出来。因此，在对深度学习架构内部参数分析过后，其输入层的数据集特性也会对识别效果产生影响。

分辨率作为显示器的一个重要性能指标，直接影响了图像的清晰度和信息显示的丰富程度。正如资料所描述的，屏幕由像素构成，分辨率高意味着单位面积内的像素点更多，因此图像更加精细，能够展示的信息也更丰富。在波形图像的上下文中，高分辨率意味着波形曲线上的每个细节都能被更精确地捕捉和表示，这对于特征学习和提取至关重要。

在数据集窗口大小固定的情况下，不同分辨率的图像将对模型的训练和最终性能产生影响。在 256 像素×256 像素、224 像素×224 像素以及 128 像素×128 像素三种不同分辨率下进行训练学习，可以评估分辨率对变压器匝间短路辨识任务的影响。在每种匝间短路工况中，选取 200 张图像，其中 30% 作为测试集，10% 作为验证集，可以确保数据集的多样性和模型评估的准确性。

表 11.10 展示了在不同分辨率下训练的模型的性能效果。

表 11.10　不同分辨率的训练集辨识结果

分辨率/像素	训练集准确率/%	训练时间/s	损失率
128×128	85	12min4	2.2619
224×224	94	13min6	0.3571
256×256	95	15min38	0.0725

表 11.10 的数据揭示了样本图像分辨率对于卷积神经网络训练性能的影响。结果

表明，随着样本分辨率的减小，图像中的特征变得不够清晰，这直接影响了模型的训练集准确率，使其降低，同时损失率增大。这种现象的原因是，较低分辨率的图像提供了较少的像素信息，这限制了模型提取和学习有效特征的能力。

此外，较低分辨率的图像意味着图像像素矩阵更小，这导致模型的训练时间缩短。虽然较短的训练时间可能在某些情况下是一个优势，但在这种情况下，它伴随着降低的模型性能，因此需要在分辨率和训练效率之间做出权衡。

图 11.10 展示了不同分辨率下训练集准确率的变化曲线。图 11.11 则显示了不同分辨率下损失率的变化曲线。损失率曲线反映了模型在训练过程中对训练数据拟合的好坏。

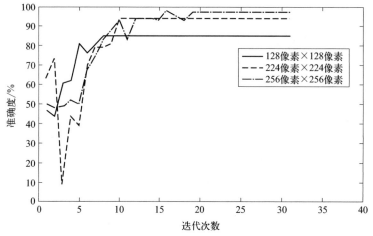

图 11.10　不同分辨率的训练集准确率曲线

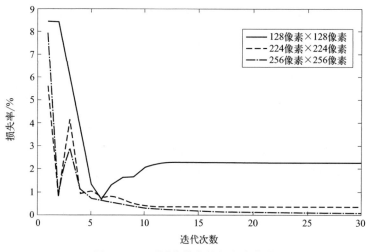

图 11.11　不同分辨率的损失率曲线

根据图 11.10 和图 11.11，我们可以得出结论，图像分辨率对于卷积神经网络在变压器绕组匝间短路辨识任务中的性能有显著影响。高分辨率的图像提供了更多的细节和信息，使得模型能够更全面地学习图像特征，从而提高了辨识的准确率。此外，高分辨率的图像还有助于模型更快地收敛，即在较多的迭代次数后达到稳定的性能，并且在整个训练过程中损失率也相对较低。

在 256 像素×256 像素和 128 像素×128 像素两种不同分辨率的测试集验证中，每种工况使用 60 个样本进行测试，测试结果如表 11.11 所示。通过对比这两种分辨率下的测试效果，我们可以进一步评估分辨率对模型性能的具体影响。

表 11.11　128 像素×128 像素分辨率下测试集效果　　　　单位：个

测试类别	2 匝	3 匝	4 匝	5 匝	6 匝
2 匝	60	9	0	0	0
3 匝	0	51	1	0	0
4 匝	0	0	43	16	0
5 匝	0	0	16	44	0
6 匝	0	0	0	0	60

表 11.11 和图 11.11 的对比分析揭示了分辨率对于变压器短路辨识任务性能的具体影响。从数据中可以看出，当分辨率较低时，变压器短路 2 匝和 6 匝的辨识准确率相对稳定，这可能是因为在这两种情况下，图像中的曲线相对于其他短路匝数更靠近或更远离，从而使得特征更加明显，容易辨识。

然而，对于短路 3 匝、4 匝和 5 匝的情况，较低分辨率的图像可能无法提供足够的细节来区分这些相似的短路情况，导致准确率显著下降。这种下降可能与图像中曲线特征的细微差异有关，这些差异在高分辨率图像中更容易被捕捉到，但在低分辨率图像中则可能丢失。

整体测试集准确率的下降（从 256 像素×256 像素分辨率下的准确率降低 9.3%）进一步强调了分辨率对于模型性能的重要性。这表明在设计卷积神经网络时，不仅要考虑模型的结构和训练策略，还需要考虑输入数据的质量和分辨率。尤其是在处理需要精细特征提取的任务时，高分辨率的图像对于提高模型的辨识能力至关重要。

制作数据集时，采样频率 $f=5000\mathrm{Hz}$，变压器图像 $P_{a \to b}^{Q}$ 窗口大小中 $b=a+n$，n 的大小决定着图像窗口的大小，当 $n=100$ 时，$t_{a \to a+100}=n/f=0.02\mathrm{s}$，则图像 $P_{a \to a+100}^{Q}$ 表示为图像窗口长度为变压器运行时的 1 个周期；当 $n=200$ 时，$t_{a \to a+200}=n/f=0.04\mathrm{s}$，则图像 $P_{a \to a+200}^{Q}$ 表示为图像窗口长度为变压器运行时的 2 个周期。

变压器端口电压、电流数据集窗口大小决定着数据集图像中存在特征的多少。在 256 像素×256 像素的数据集分辨率下，使用 1 周期、2 周期两种窗口大小分别进行训练学习。由于窗口变大，导致截取的数据集样本数减少，迭代次数也就减少。

1 周期窗口大小训练集辨识率为 95%，测试集准确率为 95.3%。2 周期窗口大小训练集辨识准确率达到了 99%，结果如图 11.12 所示。

当窗口大小为 2 周期时，每种短路类型都有 60 个样本作为测试集，测试结果如表 11.12 所示。

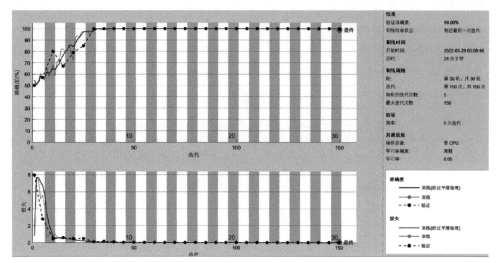

图 11.12　窗口长度为 2 周期数据集训练结果

表 11.12　2 周期窗口大小数据集测试效果　　　　　　　　单位：个

测试类别	2 匝	3 匝	4 匝	5 匝	6 匝
2 匝	60	0	0	0	0
3 匝	0	60	1	0	0
4 匝	0	0	59	1	1
5 匝	0	0	0	59	0
6 匝	0	0	0	0	59

　　根据训练结果的分析，窗口长度的增加确实对模型的辨识准确度有显著的正面影响。当窗口长度从 1 个周期增加到 2 个周期时，波形图像中的曲线信息量增加了一倍多，这意味着模型可以从中学习到更多的特征，从而提高辨识的准确度。从表 11.12 和图 11.12 中可以看出，窗口大小增加后，短路 4 匝和 5 匝的辨识准确率分别提升了 10％和 3.3％，整体测试集的准确率也提高到了 99％。

　　这一发现强调了在设计变压器端口电压、电流数据集时，考虑足够的时间序列长度的重要性。较长的时间窗口可以帮助模型捕捉到变压器行为的更多细节，从而提高对复杂故障模式的辨识能力。

　　在实际变压器运行中，互感器的测量精度对变压器端口电压、电流的测量准确性至关重要。以 10/0.4kV 变压器副边发生匝间短路为例，当使用 JLSZV-10 型号的互感器，且测量误差为±0.5％时，短路 3％～4％（即短路 2 匝）电流的变化量为 2.61％，已经超过了测量误差，这表明在这种情况下，模型仍能够辨识出短路故障。

　　然而，如果互感器的误差等级提高到 3 级，即误差为±3％，这可能会对变压器副边绕组短路的辨识结果产生影响。在这种情况下，测量误差的增加可能会导致模型难以准确辨识短路 2～6 匝的故障。为了分析互感器测量精度的影响，可以对仿真得到的数据点加入测量误差模拟，使用误差模拟式(11.2) 来模拟互感器的随机误差。

$$y' = y + y \times 0.03 \times \mathrm{RANDBETWEEN}(-1,1) \tag{11.2}$$

式中，y' 为误差模拟后变压器采集的数据点电压、电流值；y 为未误差模拟的电压、电流值；$\mathrm{RANDBETWEEN}(-1,1)$ 为 -1、0、1 中的随机数；因为误差为 3 级所以代入为 0.03。

使用误差模拟式(11.2)，可以在采样后的变压器端口电压、电流值上模拟互感器的测量误差，从而更真实地反映实际运行中的情况。这种方法允许创建一个包含误差的数据集，用于训练和测试卷积神经网络（CNN）模型，以评估模型在面对实际测量误差时的性能。

根据变压器端口信号数据集制作方法，已经成功制作了一个包含绕组短路 2～6 匝五种工况的数据集，并增加了一个变压器正常运行的样本，以作为对照。这样的数据集设计有助于模型学习区分正常运行状态和不同程度短路状态的特征。

数据集样本的分配策略是：每组工况选取 200 张图像，共 1000 张图像。其中，120 张图像用于训练，60 张用于测试，20 张用于验证。这种分配比例有助于确保模型在训练过程中的稳定性和在未知数据上的泛化能力。

图 11.13 展示了测试集的混淆矩阵，这是一个性能评估工具，它可以显示模型在测试集上对不同短路匝数的辨识准确率。

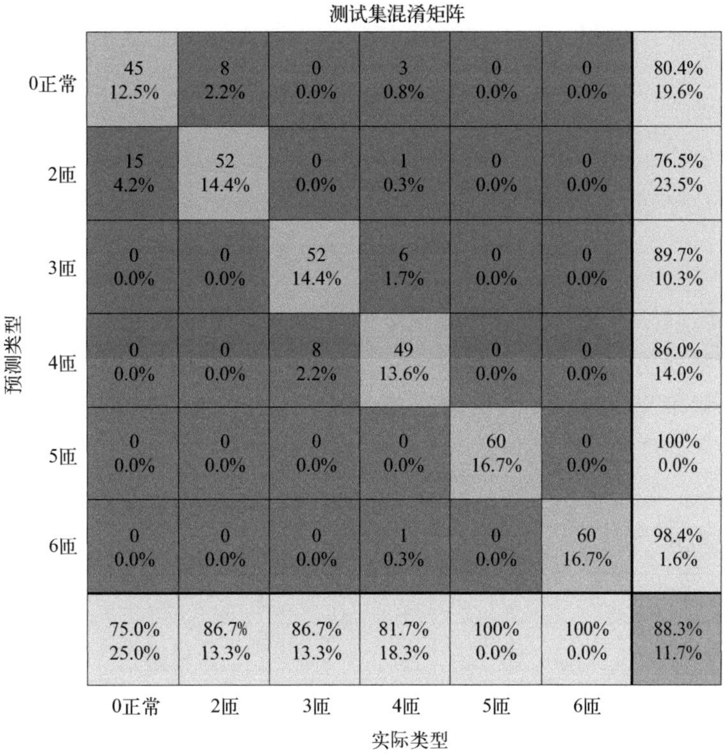

图 11.13　3 级误差时短路匝数辨识测试集结果

图 11.2 和图 11.13 的分析结果揭示了互感器测量误差对变压器端口电压、电流信号特征辨识的影响。由于短路 2 匝的信号变化量小于测量误差，该特征可能未能被

准确测量，导致短路 2 匝更多地被误识别为正常运行工况。对于短路 3 匝和 4 匝，由于特征变化量较小，受测量误差的影响较大，导致这两种工况的准确率分别降低了 13.3% 和 1.6%。相比之下，短路 5 匝和 6 匝的特征变化量较大，即使存在测量误差，它们的准确率仍然可以保持在较高水平。这表明在一定的测量误差下，短路匝数越多，测量误差的影响越小。

在实际运行中，变压器端口量的测量通过互感器获取波形，然后通过 A/D 转换器读取数值。采样频率在这个过程中起着决定性作用，它决定了能否准确地测量出信号的特征部分。例如，如果每周期只测量 10 个点，可能无法捕捉到波形的关键特征，从而导致特征部分被忽略，影响变压器匝间短路的辨识准确率。

在图像窗口大小固定的情况下，改变采集频率对模型训练和学习的影响是显著的。在 $f_1 = 5000\text{Hz}$、$f_2 = 3000\text{Hz}$ 和 $f_3 = 1000\text{Hz}$ 三种不同的采样频率下进行变压器匝间短路辨识，测试集准确率分别为 98.3%、85% 和 50%。如图 11.14 所示。

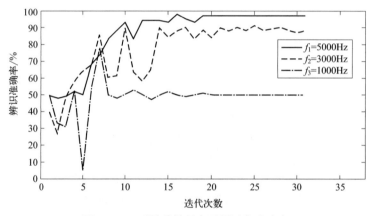

图 11.14　不同采样频率下测试集准确率

从图中的准确率可知，随着采样频率的增加，图像中包含的特征信息就更多，所以辨识的准确率就更高。由于采样频率 $f_3 = 1000\text{Hz}$ 时准确率 50% 较低，因此不进行分析。当采样频率为 $f_2 = 3000\text{Hz}$ 时，每种工况用 60 个样本作为测试集，测试结果如表 11.13 所示。

表 11.13　3000Hz 采样频率下测试效果　　　　　　　单位：个

测试类别	2 匝	3 匝	4 匝	5 匝	6 匝
2 匝	60	0	1	0	0
3 匝	0	59	0	0	1
4 匝	0	1	30	2	0
5 匝	0	0	29	52	5
6 匝	0	0	0	6	54

表 11.13 和图 11.14 的对比分析揭示了采样频率对变压器绕组匝间短路辨识准确率的重要影响。随着采样频率的降低，辨识准确率出现下降，导致总体辨识率降至

85％。这一结果强调了高采样频率在捕捉变压器端口电压、电流信号关键特征中的作用，以及对提高匝间短路辨识准确率的重要性。

从上述案例中不难发现以下几点。

① 卷积核数量和大小：卷积核的选择对特征学习至关重要。不适当的卷积核数量和大小可能导致变压器端口电压、电流数据集图像中的特征学习不充分，从而影响辨识准确率。

② 池化策略和卷积池化层数：池化层的策略和数量也对特征提取有显著影响。合理的池化策略和层数有助于提取关键特征并减少过拟合的风险。

③ 输入信号特性：分辨率对特征不明显的图像数据集辨识准确率的影响较大。高分辨率有助于提供更清晰的图像特征，而窗口时长的增加可以提高测试集准确率。

④ 互感器测量精度：随着短路匝数的增加，互感器测量精度对辨识准确率的影响逐渐减小。这意味着对于较高匝数的短路，即使存在测量误差，模型也能较好地辨识。

⑤ 采样频率：采样频率的降低会导致特征测量的准确性下降。当采样频率降至 1000Hz 时，模型无法准确辨识匝间短路工况。